[美] 伊莱·马奥尔 著

王前 武学民 金敬红 译

无穷之旅

关于无穷大的文化史

上海科技教育出版社

图书在版编目（CIP）数据

　　无穷之旅：关于无穷大的文化史／（美）伊莱·马奥尔著；王前等译. 上海：上海科技教育出版社，2024.12. --（数学桥丛书）. -- ISBN 978-7-5428-8344-5

　　Ⅰ. 01-49

中国国家版本馆 CIP 数据核字第 2024ME5485 号

责任编辑　李凌
封面设计　符劼

数学桥丛书
无穷之旅——关于无穷大的文化史
[美]伊莱·马奥尔　著
王前　武学民　金敬红　译

出版发行　　上海科技教育出版社有限公司
　　　　　　（上海市闵行区号景路 159 弄 A 座 8 楼　邮政编码 201101）
网　　址　www.sste.com　www.ewen.co
经　　销　各地新华书店
印　　刷　上海商务联西印刷有限公司
开　　本　720×1000　1/16
印　　张　18.75
版　　次　2024 年 12 月第 1 版
印　　次　2024 年 12 月第 1 次印刷
书　　号　ISBN 978 - 7 - 5428 - 8344 - 5/N · 1240
图　　字　09 - 2023 - 0379 号
定　　价　76.00 元

谨以此书纪念我的老师

弗兰兹·奥伦多尔夫教授

（1900 年在德国出生，1981 年在以色列逝世。）

序　言

无穷大！任何一个其他问题都不曾如此深刻地影响着人类的精神；任何一个其他观点都不曾如此有效地激励着人类的智力；然而，没有任何概念比无穷大更需要澄清……

——希尔伯特（David Hilbert）

无穷大是一个深不可测的海湾，所有的东西都会在其中消失。

——奥里利厄斯（Marcus Aurelius），罗马皇帝和哲学家

有一个故事据说出自杰出的数学家希尔伯特之口，上述第一条引语就是他说的。一个深夜，一个男人走进一家旅馆想要一个房间。店主回答说："对不起，我们没有任何空房间了，但是让我们看一看，或许我最终能为您找到一个房间。"然后，店主离开他的桌子，很不情愿地叫醒了他的房客，并且请他们换一换房间：1 号房间的房客搬到 2 号房间，2 号房间的房客搬到 3 号房间，以此类推，直到每一位房客都搬到了下一个房间。令这位迟来者感到十分吃惊的是，1 号房间竟然被腾了出来。他很高兴地搬了进去，安顿下来过夜。但是，一个百思不得其解的问题使他无法入睡：为什么仅仅通过让房客从一个房间搬到另一个房间，第一个房间就能腾出来呢？（要知道，他来时所有的房间都住人了。）然后我们这位客人找到了答案：这所旅馆一定是希尔伯特的旅馆，它是城里一个据说有无数个房间的旅馆！通

过使每一位房客都从一个房间搬到下一个房间，1 号房间便被腾了出来：

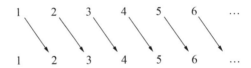

这个著名的轶事在某种程度上讲出了无穷大的全部故事。这个故事所涉及的引人入胜的悖论和看似不可能的情况，曾使人类困惑了两千余年。这些悖论都源自数学，而且正是这门学科为最后解决这些悖论提供了最富有成效的途径。对无穷大的澄清和去神秘化直到 20 世纪才全部完成的，而且即使是这种功绩也不能说是登峰造极。与各门学科一样，数学的周围也有一种因不完整而带来的令人耳目一新的氛围；一种神秘刚被破解，另一种新的神秘早已渗入其中。最终全面理解科学是一个难以捉摸的目标，然而正是这种难以捉摸才使得对任何一个科学领域的研究都那么富有刺激性，当然数学也不例外。

很多思想家都研究过无穷大。①② 古希腊的哲学家曾就一条线段（或者就任何数量而言），是不是可被无限分割，或者说是不是可以最终

---

① 有样东西不能证明自己，而且一旦它能够证明自己，它就不会存在，这件东西是什么？它就是无穷大！［达·芬奇（Leonardo da Vinci），意大利艺术家和工程师］——原注

② 当我们说一个东西是无穷大的时候，这仅仅意味着我们不能感知到所指事物的终点或边界。［霍布斯（Thomas Hobbes），英国哲学家］——原注

得到一个不可分割的点(即"原子")等问题,展开了无休止的争论。古希腊哲学家的现代追随者——物理学家们今天还在设法解决同一个问题,他们使用巨大的粒子加速器寻找"基本粒子"——那些构成整个宇宙的基石。天文学家一直在从另一个极端——无限广阔的——尺度上思索着无穷大问题。我们的宇宙真的像人们在晴朗的夜晚望向天空时看到的那样无穷无尽,还是它有一个边界(在这个边界之外什么都不存在)?有限宇宙的可能性似乎是对我们常识的一种挑战。我们可以朝任何方向一直走下去而永远也到不了"边",这个事实不是很清楚吗?但是我们将不难看出,当研究无穷大时,"常识"是一个非常差劲的向导!

艺术家也在与无穷大打交道,他们在画布上以线条描绘出了无穷大,这些画布和线条成了宝贵的艺术财富。"我在画无穷大,"梵高(Van Gogh)在凝视着他眼前那一望无际的法兰西平原时大声喊道。帕斯卡(Blaise Pascal)以他所特有的忧郁的世界观哀叹道:"那些无限空间里的无尽寂静使我感到恐惧。"而另一个文人布鲁诺(Giordano Bruno)在想到无限的宇宙时感到欢欣鼓舞,"打开一扇我们可以观察无尽苍穹的门"是他的座右铭,他因此被宗教法庭逮捕,并且被判处死刑。

但是,不管我们用什么方法考察无穷大,我们最终都被带回到数学领域,因为正是在这里才有无穷大概念最深的根基。一种观点认为数学就是关于无穷大的科学。在一本由日本数学学会编写的《数学百科全书》

中①,"infinity""infinite"和"infinitesimal"这些词在索引中出现不下五十次。事实上,如果没有无穷大的概念,我们将很难看出数学将如何存在。因为一个孩子最先学到的数学——如何数数——就是以每一个整数都有一个后继者这一不言而喻的假设为基础的。在几何学中最基础的直线概念,也是基于一个类似的假设:我们能够在两个方向上无限地延长一条直线——至少在原则上如此。甚至在像概率这样看起来"有限的"数学分支中,无穷大的概念也起着微妙的作用:当我们掷十次硬币时,可能会得到五次"正面"和五次"反面",或者会得到六次"正面"和四次"反面",或

图1 承蒙美国数学学会提供。

---

① 麻省理工学院出版社于1980年出版了英文版。——原注

者任何可能的结果；但是当我们说得到"正面"或"反面"的概率相等时，我们心照不宣地假定：当掷币的次数无穷多时，就会产生相等的结果。①

我第一次遇到无穷大时还是个小男孩。别人给了我一本书。这本书就是《哈加达》(*Haggadah*)，讲的是出埃及记的故事。书的封面上是一幅画，画中的小男孩手里拿着一本与该书相同的书。仔细看时，可以看到小男孩手里那本小书的封面上还是相同的画。可能这幅画又出现在画中的画里面——我记不太清楚了。但是我确实记得，当时我头脑中浮现出一种令人吃惊的想法：如果有可能继续这一过程，那么它将永远继续下去！这种可能性十分有趣；当时我还不知道，一个那时还不太出名的荷兰画家埃舍尔(Maurits C. Escher)②已对这种想法很着迷，并且在他的绘画作品中将其表达了出来，使用绘画工具将这个过程呈现到了极致。

后来我又一次遇到了无穷大，这次与上次完全不一样。一天晚上，在沿着华盛顿特区的康涅狄格大街散步时，我忽然发现自己站在一尊巨大的抽象派雕塑之前，它正好竖立在人行道上。标牌上写着：《无穷大的极

---

① 无穷大只是一种比喻，意思是指这样一个极限：当允许某些比率无限地增加时，另一些特定比率可以相应地无限逼近这个极限，要多近有多近。[高斯(Carl Friedrich Gauss)，德国数学家]——原注

② 无限集是一个可以与它自己的一个真子集一一对应的集。[康托尔(George Cantor)，德国数学家]——原注

限Ⅲ》。① 它由一个大的椭圆形青铜环和一个用铰链安装在青铜环极值点上的螺旋桨形状的物体组成。这个细长的物体看起来能在它的枢纽上自由转动，所以我轻轻地碰了它一下，本希望它能够开始转动。然而，暗藏的报警器响了，而且其声音如此刺耳，以至于我当时十分害怕。在最初的震惊过后，我可以听见我的内心有一个声音在说："汝不可触摸无穷大！"②

在接下来的章节中，我将尝试与读者分享无穷大给各个时代的人们所带来的兴奋和敬畏。本书的书名《无穷之旅》，其原意是"走向无穷大及之外"，取自一本望远镜说明书，它列出了这台仪器的很多性能，包括如下内容："您的望远镜的焦距范围从十五英尺③到无穷大甚至更远。"正如本书的副标题"关于无穷大的文化史"所表明的那样，我的目的是讲述无穷大在各个时期的故事，但是不一定严格按照时间顺序。在很大程度上，我讲的故事是一个学科的故事，是从一个数学家的角度讲述的。 这就

---

① 无穷大使可能的东西变成必然的东西。[卡曾斯(Norman Cousins)，《星期六评论》(*Saturday Review*)，1978 年 4 月 15 日]——原注

② 艺术家塞弗(John Safer)非常友好。他送给我一本讲述他作品的非常精美的书，有关《无穷大的极限Ⅲ》。他说："作品中心'8'字形青铜件安装在青铜外环之内，像飘浮在空中一样。这个形状提醒我们，它就是无穷大的象征。"在谈到支撑这件作品的大基座时，他说："那个花岗岩构件不仅仅是一个合适的支撑，而且是该雕塑的一个重要组成部分，它把坚硬的、有限的大地带入整体关系的均衡之中。这个石头构件是我们思考无穷大的基础。"——原注

③ 1 英尺相当于 0.3048——原注

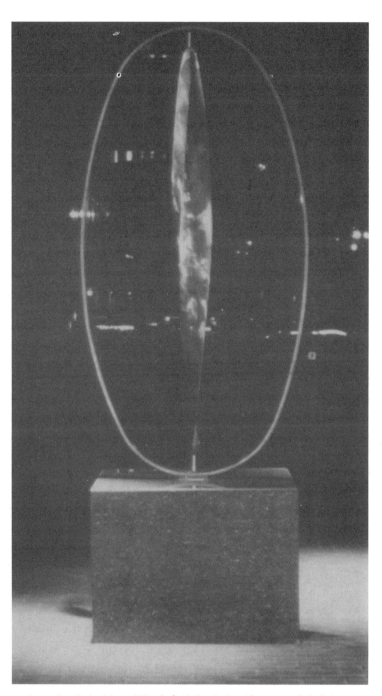

图 2 《无穷大的极限Ⅲ》,塞弗创作(华盛顿特区),承蒙塞弗提供。

图 3 《无穷大》,德·里韦拉(José de Rivera)(华盛顿特区),由纽约
Grace Borgenicht 美术馆何塞·德·里韦拉财产管理机构和华
盛顿特区的美国历史国家博物馆提供。

意味着我必须面对每一个科学家在为受过教育的外行写书时所面临的同一种困境：如何在兼顾同行希望他应坚持的严谨标准的同时，用外行能够理解的语言表达作者的意思。这种困境在数学中尤其严重，因为数学几乎完全依赖于符号和方程这些非文字语言。我希望我已妥善地解决了这个问题。

　　因为本书是为普通读者写的，我尽力回避在正文中使用"高等"数学。当然，熟悉一些初等代数知识不会有任何害处。一些具体的数学问题被放在附录中，以保持一般讨论的连续性。各章节大多只是很松散地联系在一起，所以跳过其中的几个章节不会影响阅读。最后，那些仅仅喜欢随意浏览本书的读者仍然能够欣赏很多插画和照片，还有关于无穷大的大量引语、诗句等。

　　我的很多朋友在我撰写本书时提供了帮助，我十分感谢他们。在此，我要特别感谢这些朋友：感谢我的同事霍普（Wilbur Hoppe）和兰格（Robert Langer），他们审读了大部分书稿，并且提出很多建议；感谢特雷内（Blagoy Trenev），我不断地就一些语言和文体方面的问题打扰他；感谢巴卡拉克（Hilde Bacharach）和博拉西（Raffaella Borasi），他们为我提供了两首描述无穷大的诗；感谢奥伦多尔夫（Ruth Ollendorff），她向我提供了许多她已故丈夫奥伦多尔夫（Franz Ollendorff）教授未发表的手稿，本书就是献给他的；感谢贝瑟（Mary Besser），她编辑了大部分书稿，并且在最后定稿时提供了极大帮助；感谢梅茨克（Lynn Metzker），他绘制了大部分的线条图;感谢威斯康星大学欧克莱尔分校和密歇根州罗切斯特的奥克兰大学,它们慷慨提供了两笔资助,给我的工作提供了极大帮助;还要感谢 Birkhäuser Boston 出版公司的编辑和出版人员,他们为本书得以出版发行付出了很多艰辛劳动。最重要的是,我应感谢我的母亲梅茨格(Luise Metzger),是她多年来丰富了我的知识;我还感谢我的妻子达利娅(Dalia),是她鼓励我写这本书。我在很多个夜晚留下她一人在家而去办公室写这本书,她给予了很大的耐心。要没有这些人的支持,这项工作可能永远也不会完成。

最后说一句。数学家在每次讨论开始时都必须定义他的符号和概念。所以文中的"he"指的是"他或她";"him"指"(宾格的)他或她",等等。如果我在本书中使用了更传统的语言,只是为了简洁。

密歇根州罗切斯特

1986 年 7 月 13 日

关于无穷大的文化史

无穷之旅

目　录

第一篇 数学的无穷大

一、二、三——无穷大。

——乔治·伽莫夫

（George Gamow）

第1章　迈向无穷大的第一步

> 在小的当中没有最小,在大的当中没有最大;但是总有某个
> 东西最小,也总有某个东西最大。
>
> ——阿那克萨戈拉(Anaxagoras)

无穷大有很多面。外行人经常认为它是一种比所有数都大的"数"。对一些原始部落来讲,无穷大开始于三,因为任何比三大的数都是"很多",所以不可数。摄影师的无穷大是从他照相机镜头前30英尺开始的,而对于天文学家(或者我应该说宇宙学家)来说,整个宇宙可能还不够大,不足以容纳无穷大,因为目前仍然不知道我们的宇宙是"开放的"还是"封闭的",是有界的还是无界的。艺术家有他自己对无穷大的想象,他们有时像梵高那样把无穷大设想为一个广袤无边的平原,在这个平原上他的想象力可以任意驰骋;有时把无穷大设想为一种单一基本图案的无尽重复,像摩尔人的抽象设计中表现的那样。还有哲学家,他们的无穷大就是永恒、神性或者是上帝本身。但最重要的是,无穷大是数学家的王国,因为这一概念最深地植根于数学之中。在数学领域,无穷大经过了无

数次的塑造和再塑造,而且在这里它最终取得了最伟大的胜利。

数学的无穷大是从希腊人开始的。诚然,早在希腊时代之前,数学作为一门学科就已经达到了相当先进的水平,这一点从莱因德纸草书——一本收集了用僧侣文书写体写成的 84 个数学问题的合集,可追溯至公元前 1650 年①——之类的著作中可清楚地看出。然而,印度、中国、巴比伦和埃及的古代数学仅仅局限于日常生活中的实际问题,例如面积、体积、质量和时间的测量。在这样一种系统中,没有像无穷大这种玄虚概念的存在空间。这是因为在我们的日常生活中没有什么东西直接与无穷大有关。无穷大只有等待,直到数学从一门严格的实用学科转化成一门知识学科,知识本身成为主要目标。这种转化发生在公元前 6 世纪前后的希腊,所以希腊人最先认识到无穷大的存在是数学的一个中心问题。

诚然,他们认识到了,但是没有解决这个问题!希腊人离把无穷大纳入他们的数学系统仅差一步,而且要不是缺少合适的符号系统,他们或许能够把微积分的发明提前约两千年。希腊人是几何学大师,而且几乎所有的经典几何学——就是我们在学校里学的那种——都是由他们创立的。此外,正是希腊人在数学中引入了严谨的高标准,从此成为这一学科的标志。希腊人坚持认为,任何无法从先前确立的事实中逻辑推导出的东西,都不能被纳入数学的知识体系中。正是数学独有的这种对证明的坚持,才使它与所有其他学科区分开来。然而,尽管希腊人擅长几何学并且使其日臻完善,他们对代数学的贡献却微乎其微。从本质上讲,代数学是一种语言,由一组符号和一套对这些符号进行运算的规则组成(正像口语是由单词和一些把这些单词组合成有意义的句子的规则组成一样)。当时的希腊人没有代数语言,所以他们无法体会代数语言的主要优点——它所提供的普遍性以及它所具有的以一种抽象方式表达变量之间关系的能力。正是这一事实,而不是其他的任何东西,使他们产生了对无

---

① 该纸草书以苏格兰的埃及学家莱因德(A. Henry Rhind)的名字命名。莱因德于 1850 年买下了该纸草书,它现存于大英博物馆。参见 Amold Buffum Chace 著 *The Rhind Mathematical Papyrus* 一书,该书由(美国)全国数学教师联合会于 1979 年在 Virginia 的 Reston 出版。——原注

穷大的恐惧,对无穷大根深蒂固的怀疑。"无穷大曾经是禁忌",丹齐克(Tobias Dantzig)在他的经典著作《数——科学的语言》(*Number——the Language of Science*)一书中说,"必须不惜任何代价回避它;否则,如果做不到这一点,必须借助诸如达到荒谬程度的理由把它隐藏起来。"

这种对无穷大的恐惧在芝诺(Zeno,公元前4世纪生活在埃利亚的哲学家)的著名悖论中表现得淋漓尽致。他的悖论,或者像希腊人那样称之为"论证",是关于运动和连续性的,在其中一个悖论中他试图证明运动是不可能的。他的论证似乎十分有说服力:一个跑步者要想从一个点跑向另一个点,他必须首先跑过两点之间距离的一半,然后跑完剩余距离的一半,再跑完上次剩余的一半,以此类推,永无止境(图1.1)。芝诺争辩道,因为这需要无穷多个步骤,所以跑步者永远也到不了终点。当然,芝诺非常清楚跑步者能够在经过一段有限的时间后到达终点。然而,他没有解决这个悖论,而是把它留给了后人。至少从这一点上讲他很谦卑,他承认无穷大超出了他和他同代人的智力范围。芝诺的悖论不得不又等待了20个世纪才得以解决。

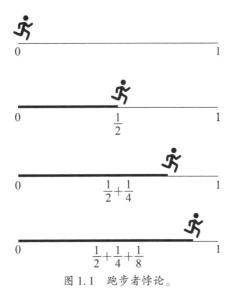

图 1.1 跑步者悖论。

尽管当时的希腊人在智力上无法理解无穷大,但他们却充分地利用了它。他们最先发明了一种数学方法寻找我们今天用 π 表示的那个非常驰名的数——圆的周长与其直径的比值。从有文字记载的历史开始，这个数就引起了外行人和学者的兴趣。在莱因德纸草书（公元前 1650 年）中，我们发现这个值为 $(4/3)^4$，或非常接近于 3.160 49，与精确值的误差在 0.6% 之内。古埃及人已经掌握到这样一个精确度，确实了不起。相比之下，π 在《圣经》中的值正好是 3，这一点在《圣经·列王纪上》第 7 章 23 节中的一篇韵文中得到了清楚的表达："他又铸了一个铜海，样式是圆的、高五肘，径十肘，围三十肘。"所以，《圣经》中该值的误差超过了 π 准确值的 4.5%。

古代对 π 的所有估计基本上都是以观察或实验为根据的——这种估计基于对圆的周长和直径的实际测量。希腊人最先提出了一种能够借助**数学**过程而不是测量的方法，能将 π 精确到任意精度。这种方法的发明者就是叙拉古的阿基米德（Archimedes），他是一位因发现阿基米德定律和机械杠杆原理而获得不朽声誉的伟大科学家。他的方法是以一种简单的观察为基础的：画一个圆，然后用一系列边数

表 1.1　π 的估计值

n	圆内接 n 边形	圆外切 n 边形
3	2. 598 08	5. 196 15
6	3. 000 00	3. 464 10
12	3. 105 83	3. 215 39
24	3. 132 63	3. 159 66
48	3. 139 35	3. 146 09
96	3. 141 03	3. 142 71
192	3. 141 45	3. 141 87

使用不同的内接和外切多边形得到的 π 的近似值. n 表示在每种情况下的边的数目。

越来越多的正多边形外切该圆。（正多边形的所有边长和内角都相等。）每个多边形的周长都略微大于圆的周长；然而，随着我们不断增加边数，相应的多边形会越来越紧密地把该圆围起来（图 1.2）。因此，如果我们能够得到这些多边形的周长，并用圆的直径除这些周长，那么我们就可以逼近 π 的精确值。阿基米德对具有 6，12，24，48 和 96 条边的多边形使用了这种方法。对 96 边形，他得到的 π 值为 3.142 71（这非常接近学校中通常使用的近似值 $\frac{22}{7}$）。然后他用圆内接多边形的方法重复了相同步

骤,得到的值略小于真值。还是借助 96 边形,阿基米德求得的值为

3.141 03,或者说非常接近 $3\frac{10}{71}$。由于实际的圆是"挤在"内接和外切多

边形中间的,所以 π 的真值一定介于这两个值之间。

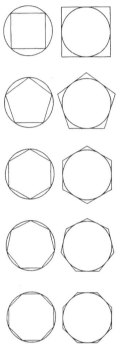

图 1.2 圆内接或外切正多边形。

在这里,我们不要误以为阿基米德方法得到的对 π 的估值远远好于在他之前得到的 π 值。但是,这种方法的真正创新之处并不在于得到改进的值,而在于只要增加多边形的边数,就可以将 π 近似到任何所希望的精度。原则上,这种方法可以产生的精确度是没有极限的——尽管从实用目的(例如工程应用)来讲,上述值已足够了。用现代语言,我们说 π 是随着多边形边边数增加到无穷大时,由这些多边形推导出来的值的**极限**。当然,阿基米德没有明确地提到极限这一概念——这需要用到代数语言——但是两千年之后,这一概念成了微积分得以创立的基石。

零，一，无穷大

נִמְצָא וְאֵין עֵת אֶל מְצִיאוּתוֹ: יִגְדַּל אֱלֹהִים חַי וְיִשְׁתַּבַּח

נֶעְלָם וְגַם אֵין סוֹף לְאַחְדּוּתוֹ: אֶחָד וְאֵין יָחִיד כְּיִחוּדוֹ

> 愿永生的上帝赞美和保佑，超越时间，永远在这里。一是存在的，但在整体中却是独有的。唯一性的神秘，无可测量。
> ——摘自一段根据犹太教迈蒙尼德十三条信仰所作的祷词

外行人通常把零和无穷大理解为"什么也没有"和"很多"的同义词。无休止的分割会产生零这一观念十分常见，而且人们在很多旧课本中会看到方程

$$\frac{1}{0} = \infty \ \text{和} \frac{1}{\infty} = 0$$

然而，除了我们将要在第 12 章讨论的特例外，这种方程是毫无意义的。零是一个数，一个与其他所有的整数别无二致的整数（虽然它是一个有着独特作用的整数）。而无穷大是一个概念；它不是实数系统的一部分，所以不能像数值量那样把它与实数联系起来。

零（英文 zero）这个词来源于印度语 sunya，意思是"空的"或"空白的"；印度人早在公元 9 世纪就用它来表示他们位置记数法中的空缺位置，这样人们就可以区分例如 12 和 102。当阿拉伯人把印度计数系统引入欧洲时，sunya 被翻译成阿拉伯语的 as-sifr，接着又被译成了拉丁语 ze-phirum。然后，它又变成了意大利语 zeuero，向我们现代的零又迈进了一步。符号 0 最早出现在公元 870 年的印度铭文中。

实际上，符号 0 在数学上有好几种意义。在数轴上，0 不仅代表数字 0，它还代表与该数有关的**位置**——我们计数和运动的起点。在平面中，0

表示坐标系的原点，该点坐标为$(0,0)$。一个没有任何元素的集合——**空集**或**零集**——用希腊字母ϕ（phi）表示，这个符号使人们想到普通的0。在高等代数中，我们研究**矩阵**——以行和列排列的数的阵列。我们可以对这些矩阵进行加、减、乘，以及某种意义上的除法运算。例如，如果A是矩阵$\begin{pmatrix} 2 & 5 & 8 \\ 3 & 0 & -1 \end{pmatrix}$，$B$是矩阵$\begin{pmatrix} 7 & 1 & 3 \\ 2 & -4 & 6 \end{pmatrix}$，那$A+B$就是通过把$A$和$B$中的相应元素相加而得到矩阵$\begin{pmatrix} 9 & 6 & 11 \\ 5 & -4 & 5 \end{pmatrix}$。所有元素都是零的矩阵叫做零矩阵，用$O$表示。它有着很多数字0身上的特性，例如，$A+O=A$。这种矩阵在很多场合都很有用，其中包括机械振动、电路和经济系统分析等。

无论在什么情况下，用零作除数都是没有意义的。这是因为，假设我们试图用5除以0，令结果为x，则$x=5/0$。从定义上讲，x必须满足等价方程$0 \cdot x=5$（就像方程$6/2=3$和$2 \cdot 3=6$是等价的一样）。然而，$0 \cdot x$总是等于0，这就产生了一个荒谬的结果$0=5$。所以，无论x是什么数，都无法满足方程$x=5/0$。但是0除以0又怎么样呢？再令$x=0/0$，则$0 \cdot x=0$。这时，x的**任意值**均满足这个方程，结果我们无法得到一个确定的、唯一的答案。（当你试图用一个矩阵"除以"零矩阵时也会出现类似的混乱。）两种情况中的任何一种在数学上都是无法接受的，因此用零作除数被宣告是无效运算。

尽管像$1/0$之类的式子是没有意义的，但是当我们使用越来越小的除数去除一个数（例如1）时，其结果将变得越来越大，这一点倒是千真万确。我们说当x趋向于零（始终取正值）时，$1/x$的**极限**是无穷大，换句话说就是，当x趋向于0时，$1/x$无限增大。用方程表达就是$\lim\limits_{x \to 0} \dfrac{1}{x}=\infty$。

符号0已经使用了一千多年，而无穷大符号∞则是最近才出现的。1655年英国数学家沃利斯（John Wallis）最先使用了这个符号。沃利斯还是一位古典学者，因而这个符号很有可能来自表示一亿的罗马数字（图1.3）。

图 1.3　表示一亿的罗马数字是一个放在框内的无穷大符号 ∞。来自公元 36 年的一段铭文,经格丁根 Vandenhoeck & Ruprecht 出版社允许,摘自 Karl Menninger 的 *A Cultural History of Numbers* 一书。

数 0 和无穷大的概念在数学中是必不可少的,但是如果没有第三个元素——数 1,它们的作用是不完全的。在数学上,该数是生成元,所有的正整数都是通过它的连加而形成的:$2 = 1+1, 3 = 2+1, 4 = 3+1, \cdots$。(负整数可类似地通过连减得到。)在几何学上,符号 0,1 和 ∞ 在实数直线上都各有奇特的作用:0 代表起点,1 是我们使用的标度(即单位的大小),而 ∞ 则代表该直线的完全性——事实上它包括**所有的**实数。

图 1.4　照相机镜头上的无限远符号。承蒙美能达公司许可。

数字"1"常常被赋予哲学的,甚至是神的特性;在大多数宗教中,它象征着神的独一无二,而且就这一点而言,它等同于无穷大,即造物主的全能。亚里士多德拒绝把"1"看作一个数,因为它是所有数的生成元,而它自己则无法生成。直到中世纪还有很多思想家持有这种观点,但这种解释显然与数学的关系不大。

图 1.5　德国 Dr. Hahn 的商标。经允许转载自龟仓雄策的 *Trademark Designs* 一书,纽约 Dover Publications 1980 年出版。

另一方面,我们在高等数学中经常碰到所谓的"不定式",即诸如∞/∞的式子。这种式子没有预先指定的值,它只能通过一个极限过程得到赋值。例如,考虑表达式$(2x+1)/(x-1)$。随着x趋向无限大,分子和分母都无限地增大,然而其比率接近于极限2,即$\lim\limits_{x\to\infty}(2x+1)/(x-1)=2$。然而,如果写成$\infty/\infty=2$,那就完全错了;事实上,如果我们考虑表达式$(2x+1)/(3x-1)$,其极限应该是2/3。

另一个不定式是$\infty-\infty$。因为任何数减去其自身都等于0,人们很容易得出$\infty-\infty=0$。然而,从式子$1/x^2-(\cos x)/x^2$中可以看出这是错误的,这里$\cos x$是三角学中定义的余弦函数。随着$x\to0$,每个项都趋向于无穷大。然而,经过一些努力仍可看出,整个式子趋向于极限$1/2$,即$\lim\limits_{x\to0}(1/x^2-(\cos x)/x^2)=1/2$。粗略地说,在每一个不定式中,总有两个量在"斗争",一个倾向于使式子在数值上变大,另一个倾向于使式子变小。最终结果取决于所涉及的精确极限过程。数学中最常遇到的七个"不定式"是$0/0$,∞/∞,$\infty\cdot0$,1^∞,0^0,∞^0和$\infty-\infty$。

图1.6 一枚名为"时间与永恒"的瑞士邮票上的无穷大符号。经瑞士邮政和电讯公司授权许可。

第2章　走向合法化

> 这只是对心灵力量的肯定，一种动作一旦可能，心灵便知道它可以设想同一种动作的无限重复。

> ——庞加莱（Henri Poincaré）

像其他大多数学科一样，欧洲的数学在漫长而黑暗的中世纪实际上也停滞不前。直到16世纪，作为一个科学问题曾被遗忘，而后成了神学思辨对象的无穷大概念，才得到了复兴。有待研究的首批问题之一，仍然是求 π 的近似值。其结果是一个不寻常的公式。甚至在今天，这个公式的优美也会令我们赞叹不已：

$$\frac{2}{\pi}=\frac{\sqrt{2}}{2}\times\frac{\sqrt{2+\sqrt{2}}}{2}\times\frac{\sqrt{2+\sqrt{2+\sqrt{2}}}}{2}\times\cdots$$

这个**无穷乘积**是由法国数学家韦达（Francois Viète）于1593年发现的；它表明仅仅通过对2进行一系列的加、乘、除和开平方（即中学数学的初等运算）便可算出 π 值。然而，这个公式的最重要特征却是它末尾的省略号，它告诉我们继续再继续，……直至无穷大。明确地把一个无穷大的过程表示成一个数学公式，这还是首次，而且它还预示着一个新时代的开始。无穷大再也不是不祥的东西，再也不是某种人们不惜任何代价也要模糊回避的概念;恰恰相反,它现在可以形成书面表达,因此合法地被数学王国接受了。

紧接着是其他一些需要无限运用基本算术运算的公式,这些公式与韦达的公式相比没那么著名。其中的一个公式是由英国数学家沃利斯于1650年发现的,这又是一个涉及π的公式:

$$\frac{\pi}{2} = \frac{2\times2\times4\times4\times6\times6\times\cdots}{1\times3\times3\times5\times5\times7\times\cdots}$$

1671年,苏格兰人格雷戈里(James Gregory)发现了另一个涉及π的公式,这是一个无穷级数:

$$\frac{\pi}{4} = \frac{1}{1} - \frac{1}{3} + \frac{1}{5} - \frac{1}{7} + -\cdots$$

[这个级数曾由与牛顿(Isaac Newton)共同创立微积分学的莱布尼茨(Gottfried Wihelm Leibniz)于1674年独自发现,所以,有时这个级数被称为格雷戈里-莱布尼茨级数。]我们在后面的章节中还将提到这个级数和其他类似的级数。

这些公式的实质是,随着对越来越多的项进行计算,我们可以把π值精确到我们所希望的任何数位——至少原理上如此。我们今天知道,π的特性正是在于我们永远也找不到它的"确切"值,因为这将需要无穷多个数字。诚然,现代计算机已经把它的值计算到小数点后几百万位。从实践的角度来看这是一个毫无用处的过程,然而,它却具有某种理论意义。因为它使我们能够在十进制展开式中研究数字的统计分布,并且寻找任何可能的模型——如果存在这种模型的话(至今尚未发现有这种模型存在)。π和e(自然对数的底,其近似值为2.718 28)属于数学家称为**超越数**的一类特殊的数。"超越数"这个词尽管有其神秘色彩,然而在数学上它却具有非常精确的意义①。π的超越性直到1882年才得到证明,

---

① 如果某个数是一个代数方程(即其系数是整数的多项式方程)的解,我们称这个数是代数数。例如5,-2/3,$\sqrt{2}$和2+$\sqrt{3}$都是代数数,因为它们分别是方程$x-5=0$,$3x+2=0$,$x^2-2=0$和$x^2-4x+1=0$的解。不是代数数的数叫超越数;也就是说,超越数不是任何代数方程的解。——原注

并由此结束了对这个独特数字特性长达近 4000 年的探索。

在取得这些进展的同时,无穷大也经历了另一种复兴。如前所述,阿基米德求解 π 的近似值的方法非常接近于现代微积分。然而,这只是他在数学上所作贡献中的一个。他对找到各种平面和立体图形的面积和体积尤其感兴趣,是第一个找到抛物线——在没有空气阻力情况下一个抛射体走过的曲线(图 2.1)——之下面积的人。他使用"穷竭法"做到了这一点——用可求出面积(或体积)的一系列小部分逼近一个图形(或立体),然后,把它们加起来以获得所求的量(图 2.2)。这种方法背后的思想是让这些"基本的"部分越来越小,使这些部分根据需要与图形越来越紧密地吻合起来。这样,便不知不觉涉及了一个无穷过程,但是阿基米德却小心地回避直接谈论这个问题。在 17 世纪上半叶,人们又重新对这种方法产生了兴趣,这无疑是受到了天文学新发现的影响,因为天文学家发现,行星和彗星沿椭圆或抛物线轨道绕太阳运转。但是,微积分的现代先驱们对古希腊人的严格标准失去了耐心。为响应在科学和工程中应用的迫切需求,人们使用了对他们有用的阿基米德方法,同时回避了其学究式的精细。于是,一种粗糙的、丝毫没有希腊方法之优雅的奇妙设计出现了,但它看来挺管用并且产生了结果——"不可分量法"①。使用了这种方法,伽利略(Galileo Gali-

图 2.1　抛物线下的面积。

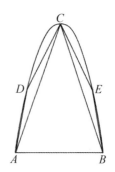

图 2.2　抛物线下的面积:穷竭法。

---

①　穷竭法与不可分量法的主要区别在于,穷竭法仅仅取决于有限量(虽然其尺度在不断缩小),而不可分量方法把一个形状看作是由无穷多个元素组成的,而且,每个元素都是无限小的。尽管穷竭法具有坚实的数学基础,然而,这两种方法都隐瞒了对极限过程的使用,都没有明确地承认这一点。——原注

lei)、开普勒(Johannes Kepler)和卡瓦列里(Bonaventura Cavalieri)发现了普通几何学中各种图形和立体的众多特性,以及这些特性在力学和光学中的大量应用。尤其是卡瓦列里,他是促进不可分量法发展的推动力量。他于 1635 年出版了《不可分量几何学》(*Geomerria indivisibilibus continuorum*)一书。这些科学家在使用"不可分量"并且把它们看作是面积或体积的"原子"的过程中,又向我们的现代积分学迈进了一步。(这种方法的一个实例如图 2.3 所示。)

图 2.3　抛物线下的面积:不可分量法。

　　17 世纪下半叶,正是有了牛顿和莱布尼茨,无穷大才取得了迄今为止最大的胜利,这是因为无穷大是他们最新发明的微积分学中的一个关键要素。这个学科总体上是围绕着无限小的量(即后来为众人所知的**无穷小**)展开思考的。这些异想天开的东西(即无穷小)引起了许多争论。它们是有限量吗? 如果是,那么为什么不把它们看成平常的、现实的数呢? 抑或它们是逐渐消逝的量,实际上等价于零? 那么当初为什么要使用它们呢? 英国哲学家、神学家贝克莱主教(George Berkeley)最直截了当地表达了这些疑问。他在 1734 年发表了一篇名为《分析学家,或对一个不信神的数学家的劝告》①的讽刺文章,他在该文中从各种角度(包括神学角度)对这种新的运算进行了攻击,并且对其基本原理本身进行了嘲弄。在说到无穷小时,他写道:

① 这个异教徒就是英国天文学家哈雷(Edmond Halley),他因为研究以他的名字命名的彗星而人所共知,他还是一位有着极高才赋的数学家。他帮助牛顿出版了他的重要著作《自然哲学的数学原理》(*Principia*)一书。——原注

它们既不是有限的量,又不是无穷小的量,更不是一无所有。难道我们应把它们称为消逝的量的鬼魂吗?

虽然如此,这种新的微积分方法仍可以迅速解决数学、物理学和天文学中的很多问题,而且解决起来非常有效,这就是事实。所以就产生了这种情况:刚开始时被"纯粹"数学家批判为不正确推理的东西,很快被他们在"应用领域"的同行——物理学家、天文学家和工程师——合法化并采用了。这个奇异事件的全部故事,还有与之相伴的个人经历太多太长,这里无法详尽讲述。(牛顿和莱布尼茨相互独立地并且从多少有些不同的角度发现了微积分,因而引发了一场激烈的优先权之争。这些争论并非没有一些政治色彩,因为这涉及他们各自的国家——英国和德国的声望。)这里只需说明,如果没有微积分,现代科学技术知识中的绝大部分将是不可想象的。而且,微积分同样也为一个广阔的、富有成果的数学分支(即大家所熟知的数学分析)开辟了道路,这个学科实际上涵盖了连续性、变化以及无穷大的每一样东西。

大数和小数

我必叫你的子孙多起来,如同天上的星,海边的沙。

——《圣经·创世记》

外行——尤其是孩子们——总是被大数所吸引。然而,对于数学家来说,大数并没有特殊的意义。事实上,两个最重要的常数 π 和 e 都有很"普通"的值(分别约为 3.14 和 2.72)。物理学的基本常数总具有非常大或非常小的值(例如,光速为 $3×10^{10}$ 厘米/秒,电子的质量是 $9.1×10^{-28}$ 克,而普朗克常量为 $6.6×10^{-27}$ 尔格秒)。但是,之所以这样,只是因为这些常数都是以我们使用的普通计量单位表示的,而普通的计量单位又是从地球的尺度推导出的。例如,一厘米是地球赤道长度的四十亿分之一,一克是一立方厘米的水在零度时的质量,一秒是一个太阳日长度的 86 400 分之一。如果我们当初使用的是其他单位——比如宇宙的已知半径或者宇宙创始以来的时间——那么基本常数一定会有截然不同的数值。

为了便于书写非常大或非常小的数,科学家使用了所谓的"科学记数法",这种方法使用了 10 的乘方,例如,1 000 000(一百万)写作 10^6,1 000 000 000(十亿)写作 10^9,等等。而非常小的数用负指数表示,0.000 001(一百万分之一)写作 10^{-6},0.000 000 001(十亿分之一)写作 10^{-9},等等。123 000 写作 $1.23×10^5$,而 0.001 23 写作 $1.23×10^{-3}$。

非常大的数常常出现在涉及组合和排列的问题中,例如,把三个物体排成一列,有 1×2×3＝6 种不同方法(*ABC*,*BCA*,*CAB*,*ACB*,*BAC* 和 *CBA*)。对于四个物体,有 1×2×3×4＝24 种不同的方法;而且一般来讲,对于 n 个物体,有 1×2×3×…×n 种不同的方法。这个数叫"n 的阶乘",写作 $n!$。它随着 n 的增加而迅速增长,如表 2.1 所示。

表 2.1 n 的阶乘的值

n	$n!$
0	1(根据定义)
1	1
2	2
3	6
4	24
5	120
6	720
7	5040
8	40 320
9	362 880
10	3 628 800
11	39 916 800
12	479 001 600
13	6 227 020 800
14	87 178 291 200
15	1 307 674 368 000
16	20 922 789 888 000
17	355 687 428 096 000
18	6 402 373 705 728 000
19	121 645 100 408 832 000
20	2 432 902 008 176 640 000
21	51 090 942 171 709 440 000
22	1 124 000 727 777 607 680 000
23	25 852 016 738 892 566 840 000
24	620 448 401 733 421 599 360 000
25	15 511 210 043 335 539 984 000 000
26	403 291 461 126 724 039 584 000 000
27	10 888 869 450 421 549 068 768 000 000
28	304 888 344 611 803 373 925 504 000 000
29	8 841 761 993 742 297 843 839 616 000 000
30	265 252 859 812 268 935 315 188 480 000 000
40	8.15915×10^{47}(近似值)
50	3.04141×10^{64}(近似值)
60	8.32099×10^{81}(近似值)
70	1.19786×10^{100}(近似值)
80	7.15695×10^{118}(近似值)
90	1.48572×10^{138}(近似值)
100	9.33262×10^{157}(近似值)

在著名的魔方中,有 43 252 003 274 489 856 000 种不同的方法排列它的 6 个面,或者说约为 $4×10^{19}$ 种。这个数字要远远大于一些魔方制造商吹嘘的"30 亿种组合"!

古人似乎对大数有一种神秘的敬畏,因为对他们来说大数象征着权力与多子。所以上帝为亚伯拉姆赐福:"你向天观看,数算众星,能数得过来吗?……你的后裔将有那么多。"(《圣经·创世记》)。然后,他继续说道:"你的名字不再叫亚伯拉姆(Abram),你要叫亚伯拉罕(Abraham);因为我已立你为多国之父。"(《圣经·创世记》)。Abraham 中的"h"来自希伯来语表示众多的单词 ha'mon。具有讽刺意味的是,夜空中的星星不像人们想象的那样多到数不过来。在理想条件下,无论从地球上的任何一个给定点,也无论在任何给定时间,人的肉眼能够看到的星星仅有 2800颗。海滩上的沙粒更适合于象征众多。然而,阿基米德在他的《数沙者》(*The Sand-Reckoner*)一文中证明,如此之大的数也是可以数出的:

> 格隆王,很多人确信沙粒是无数的。另一些人认为,尽管沙粒的数目不是无限的,但是找不到一个比沙粒数目更大的数。然而,我试图向您证明,在我已经说出的数字中,有一些数的大小超过了比地球,甚至比宇宙还大的一堆沙子的沙粒数目。

在十进制命名法之外具有独立名称的最大数是佛教的 asankhyeya,等于 10^{140}。西方世界拥有名字的最大数是古戈尔(Googol),或者说 10^{100},这个名字是由美国数学家卡斯纳(Edward Kasner)——说得更确切些是由他 9 岁的侄子——给起的。卡斯纳曾要他的侄子为一个非常大的数起一个名字。10 的古戈尔次方是一个古戈尔普勒克斯(Googolplex):1 后面跟古戈尔个零。这种庞大的数纯粹是智力上的创造,而且如果曾在某个地方被使用过的话,那也十分罕见。比方说,整个宇宙中的原子总数据估计"仅有"10^{85} 个——比一个古戈尔要小得多。

尽管这些数很大,但它们与无穷大并无关系。事实上,无穷大距古戈尔与距 1 一样遥远。如果一个变量能**大于任何有限数**,无论有限数有多大,那我们就说这个变量接近无穷大。由此可见,无穷大根本不是一个数,而是一个概念。

第3章　收敛与极限

当一个量以比人们能想出的任何最小给定量都更紧密地逼近第二个量时,第二个量就是第一个量的极限。

——达朗贝尔(Jean Le Rond D'Alembert)

收敛与极限这两个概念对微积分学的发展十分重要。有了这两个概念,人们才有可能最终解决芝诺十分感兴趣的古老的无穷大悖论问题。例如,跑步者悖论可通过如下观察加以解释:跑步者首先跑完起点与终点间距离的一半,然后再跑剩余距离的一半,以此类推,他将跑完的总距离与下列分数之和相等:

$$\frac{1}{2}+\frac{1}{4}+\frac{1}{8}+\frac{1}{16}+\cdots$$

这个无穷和或者级数所具有的特点是:无论把它的多少个项加在一起,永远也不会达到 1,更别说超过 1 了;然而,我们能使这个和尽可能接近 1,只需加上足够多的项就行(图 3.1)。随着相加的项数趋于无穷大,我们说这个级数**收敛**于 1,或者这个级数的**极限**是 1。现在假定跑步者保持一个恒定的速度,他跑完这些距离所用的时间间隔也遵循同一个级数;这样一来,他将在有限的一段时间内跑完全部距离——于是便解决了这一问题①。希腊人拒绝接受的是这样一个事实:无穷项之和等于一个有限值,即收敛于一个极限。

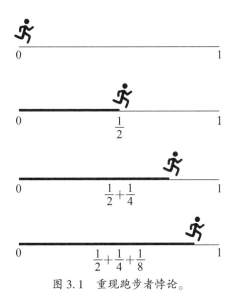

图 3.1　重现跑步者悖论。

在我们进一步研究无穷级数之前,必须解释什么是无限**序列**或**级数**的极限。一个序列仅仅是一行写成 $a_1, a_2, a_3, \cdots, a_n, \cdots$ 的数,通常(尽管不总是)有某种规则告诉我们如何得到序列中的下一个数。符号 a_n 表示序列中的"第 n 项",或"第 n 个成员",之后的省略号提醒我们(以免我们忘记!)该序列永远不会结束。(研究有限序列的极限没有太大的乐趣。)

现在可能会出现这种情况:我们沿着一个给定序列走得足够远,它会越来越接近一个有限数,但永远不会达到该数。如果这种情况发生,那个数就叫作该序列的**极限**,而且,我们说该序列向其极限收敛。例如,序列

① 尽管如此,在今天仍然有一些人反对这种简单的解释,并且拒绝承认这个问题已被解决。很显然,总会有一些人固执地拒绝领悟直观"常识"之外的任何论证。这种人属于化圆为方的人;相信地球是扁平的人,以及不顾所有存在的证据而抓住任何机会否认相对论的人。——原注

$1,1/2,1/3,1/4,\cdots,1/n,\cdots$ 的极限是零。我们沿着该序列走得越远,它的项就变得越小;它的项**逼近**零,但永远无法真的变成零。事实上,我们可以使这个序列的成员按我们的心意任意地接近零——我们所要做的只是走得足够远。这样一来,如果我们想使序列的成员小于千分之一,只需走到至少第一千项($n=1000$)便可轻易达到;如果我们想使这些成员小于百万分之一,必须走到第一百万项($n=1\,000\,000$);如果这还不够接近,我们可以使序列的项距离零仅差十亿分之一、一万亿分之一——只要"走得足够远"总可以办到。确切地说,这便是极限概念的实质:极限是一个数,一个序列可任意地接近该数,但永远无法实际到达①。如果绘成图,就是这个序列的成员将挤在它们极限值(在我们前面举的例子中就是零)的附近,如图 3.2 所示。

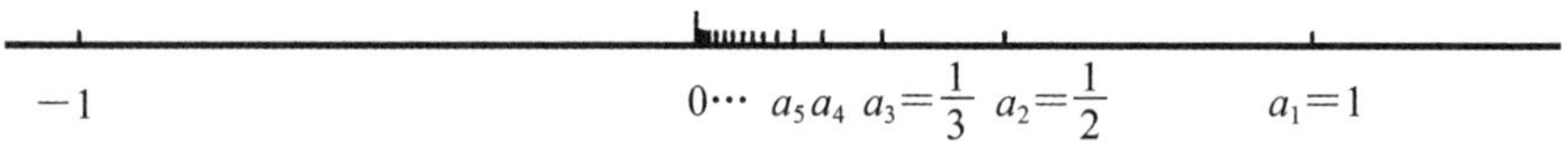

$$-1 \qquad\qquad 0\cdots\ a_5\, a_4\ \ a_3=\tfrac{1}{3}\ \ a_2=\tfrac{1}{2} \qquad a_1=1$$

图 3.2 收敛于一个极限。

不过数学家们极不喜欢冗长的词语解释,他们习惯于使其陈述简明扼要。我们不说序列 $a_1,a_2,a_3,\cdots,a_n,\cdots$ 收敛于极限 L,而是写为:

$$a_n \to L \text{ 当 } n \to \infty$$

或者换一种方式:

$$\lim_{n\to\infty} a_n = L$$

然而,第二种标记法中的等号需引起注意:它所要表达的只是这个序列的**极限**为 L;它没有说——而且也不能推断——这个极限实际上已经达到。例如,对序列 $1,1/2,1/3,\cdots,1/n,\cdots$ 来说,其项逼近于零这一事实应该写为当 $n\to\infty$ 时 $1/n\to 0$,或者 $\lim\limits_{n\to\infty} 1/n = 0$。

极限的定义使我们在逼近极限的精确方式上有相当大的自由。在上述例子中,序列的成员从一个方向,即从上(或者是从实数直线的右边)

① 我们排除了序列的所有成员都相等,或是极限值本身作为一个孤立成员被"插入"该序列的平凡情况。当然,任意接近极限的要求也将涵盖这些情况。——原注

逼近其极限(零);也就是说,序列的成员总大于零。但不一定总得这样。例如,在同一序列里正负号交替出现:1,-1/2,1/3,-1/4,…①。这个序列的极限也是零,但是此次这个序列是以一种摆动方式从上和下(即从实数直线的右和左)交替逼近极限的(图 3.3)。收敛没有必要是"单调的"(即每一个追加的项都使我们更接近极限)。序列 2/1,1/2,3/2,2/3,4/3,3/4,…除了摆动之外,还以"跳跃"方式接近极限 1。收敛唯一的要求就是可任意紧密地逼近极限。

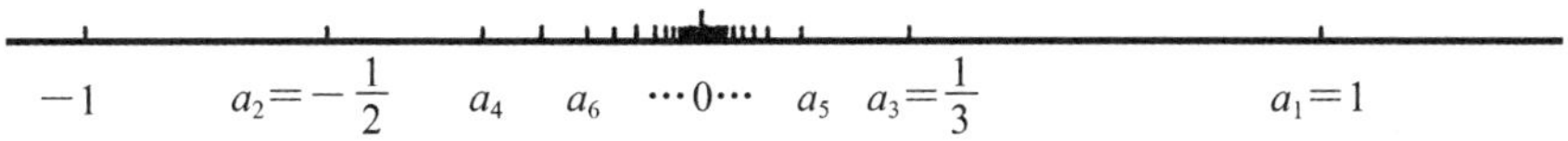

图 3.3　收敛于一个极限:振动序列。

数学的无穷大　第一篇

---

①　这一序列的通项可写作$\dfrac{(-1)^{n-1}}{n}$。——原注

素　数

素数……(是)那些除了其自身和 1 之外无法被任何整数整除的、令人恼火的、不守规矩的整数。

——加德纳(Martin Gardner)

像 12 这样的数可以写成比较小的整数的积:12 = 3×4 或 12 = 2×6。这种数叫**合数**。但是整数 13 只能写成其自身与 1 的乘积:13 = 13×1。这种数叫**素数**。更确切地说,素数是一个比 1 大的、无法被除了 1 和其自身之外的任何其他整数整除的正整数。

图 3.4　(a)像 6 这样的合数可以用排成行的小珠子来表示,每行珠子数目相同(6=2×3)。(b)像 7 这样的素数不能用这种方式表示:有一行中会多出一个珠子(7=2×3+1)。

除了 0 和 1 之外,每个自然数不是合数便是素数。前十个素数是 2,3,5,7,11,13,17,19,23 和 29。0 和 1 被认为既不是合数也不是素数。除 2 之外的所有素数都是奇数,因为一个偶数可被 2 整除,所以是合数。

素数在数学中起着一种十分重要的作用,尤其是在高等算术(一个称为"数论"的数学分支)中更是如此。其原因是每个合数都能以一种而且只有一种形式被分解成素数。12 可被分解成 3 和 4 或 2 和 6(即写成 3 和 4 或 2 和 6 的积),但是 4=2×2,结果是 12=3×4=3×2×2;在另一方面,6=2×3,结果是 12=2×6=2×2×3。因此,不考虑其顺序,我们得到了相同的素因数。这种称为算术基本定理的事实表明,素数是所有数的"基础材料",它们在数学中所起的作用,与化学元素在物质世界所起的作用一样。

然而,有两个事实使这个类比显得并不完善。首先,与化学元素不同的是,素数有无穷多个。其次,没有素数"周期表",没有适合素数的明显的、有规模的模式。

　　欧几里得在公元前 3 世纪证明了第一个事实,而且是我们确切知道的关于素数的少数几个事实之一(附录中给出了他的证明)。第二个事实引发了很多猜测,而且赋予素数了某种神秘的色彩。人们已作了无数次尝试,企图找到某种能够预测某个给定素数后下一个素数的数学表达式(正像式子 2^n 预示了 2 的所有次方一样)。迄今为止,所有这些尝试都失败了。素数在整数中的分布似乎不规律,而且除了最初的几个整数之外,仅靠观察某个数(即没有实际试着用较小的整数除这个数)几乎不可能说出它是不是一个素数。然而,我们知道,数字越大,素数的**平均**分布密度越低;也就是说,素数变得越来越稀疏。例如,在 1 到 100 之间有 25 个素数;在 100 到 200 之间有 21 个素数;在 200 到 300 之间有 16 个素数,等等。(然而,在 400 和 500 之间有 17 个素数,再次表明只有平均分布才非常重要。)1896 年,人们在了解素数的过程中有了一个重要的突破。当时,阿达马(Jacques Hadamard)和瓦莱–普桑(de La Vallée Poussin)证明了由高斯(Carl Friedrich Gauss)在将近一个世纪之前提出的关于素数统计分布的猜想。他们的定理(即众所周知的素数定理)表明:素数的密度(即小于一个给定整数 N 的素数的数目除以 N)在 N 趋于无穷大时趋于 $1/\ln N$(这里 $\ln N$ 是 N 的自然对数)。

　　有很多关于素数的问题仍未解决,其中一些问题表面上看很简单。例如,素数有以 $p, p+2$ 形式成对聚集的趋势:3 和 5,5 和 7,11 和 13,41 和 43,101 和 103,等等。人们发现这种现象甚至还出现在非常大的素数之间:29 669 和 29 671,29 879 和 29 881。一个未解决的问题就是这些"孪生素数"在数量上是有限的还是无限的。大多数数学家确信有无穷多的孪生素数——就像素数本身一样,但是,证明这种猜想的所有企图至今全都失败。(一家计算机软件公司在 1982 年曾经为证明这一猜想提供了25 000 美元的奖金。)1963 年已知的最大孪生素数对是

图 3.5　1979 年已知的最大素数，有 6987 位数。1986 年发现了一个更大的素数，它有 65 000 多位数。因为素数有无穷多个，发现一个更大的素数只是一个时间问题。

$$140\ 737\ 488\ 353\ 699$$

和

$$140\ 737\ 488\ 353\ 701$$

但是最近发现了更大的一对:

$$1\ 159\ 142\ 985 \times 10^{2\,304} \pm 1$$

(这两个数都有 703 位数)①。

　　当然,每年都**有单个的**素数被发现。本书即将出版时(1986 年 1 月)已知的最大素数是 $2^{216\,091}-1$,这是一个有 65 050 位数的素数。该数是由位于威斯康星奇珀瓦福尔斯的克雷研究公司的斯洛温斯基(David Slowinski)使用一种新的超级计算机测试程序时发现的②。

---

① 见 C. W. Trigg 的 J. *Recreational Mathematics*,14(1981—1982),204。——原注

② 这一纪录被多次更新,本书中译版出版时(2024 年),已发现的最大素数是 $2^{82\,589\,933}-1$,是一个名叫罗什(Patrick Laroche)的人通过"互联网梅森素数大搜索"(GIMPS)项目找到的,它有 24 862 048 位。——译者注

第4章 无穷级数的魅力

正如有限中包含着无穷级数,而无限中出现极限一样,无限之灵魂居于细节之处,最紧密地趋近极限并无止境。区分无穷大之中的细节令人喜悦! 小中见大,多么伟大的神力!

——伯努利(Jacques Bernoulli)

把一个序列的项一个一个地加起来就得到了一个**级数**。从有限序列 $a_1, a_2, a_3, \cdots, a_n$ 我们可以得到有限级数,或级数和 $a_1+a_2+a_3+\cdots+a_n$。但对无限序列 $a_1, a_2, a_3, \cdots, a_n, \cdots$ 来说,就出现了一个问题:我们应如何计算它的和? 当然,我们不能把它的无穷多项都加起来。不过,我们能够把数目有限但**不断增加**的项加起来:$a_1, a_1+a_2, a_1+a_2+a_3$,以此类推。我们用这种方法便可得到一个新序列,这个序列是原序列的部分和的序列。例如,从序列 $1, 1/2, 1/3, \cdots, 1/n, \cdots$ 中,我们得到了部分和的序列 $1, 1+1/2 = 1.5, 1+1/2+1/3 = 1.833\,33\cdots$,等等。如果这个部分和序列收敛于一个极限 S,那么我们说无穷级数 $a_1+a_2+a_3+\cdots$ 收敛于和 S。为简洁起见,我们还可以说"该级数有(无限)和 S"。

我们再一次用一种特殊的标记法用来表示这种情况:

$$a_1+a_2+a_3+\cdots = S$$

或者换种方法,

$$\sum_{i=1}^{\infty} a_i = S$$

（符号 $\sum$ 是大写希腊字母 sigma，它表示"……之和"；下标 i 是一个变量，它的值从 1"跑到"无穷大。）注意，这些等式实际上是下列表达式的缩写：

$$\lim_{n \to \infty} (a_1 + a_2 + a_3 + \cdots + a_n) = S$$

或者，

$$\lim_{n \to \infty} \sum_{i=1}^{n} a_i = S$$

可是，我们如何能知道一个给定的级数**有没有**极限呢？而且如果有极限的话，那个极限又是什么呢？找到第一个问题的答案相对容易（但是需要一些微积分知识）；而第二个问题一般没有现成的合适答案。

我们可以很容易地看出一个级数什么时候**不收敛**于一个极限：当一个级数的项变得越来越大时，就会发生这种情况。毫无疑问，级数 1+2+3+⋯不收敛，因为它的部分和不断增长超出了所有边界。我们将不收敛于一个确定和的级数称为**发散的**。

意外的是，我们发现有些级数的项变得越来越小，它们也不收敛。这种情况的典型实例是**调和级数**，这种级数是通过把自然数的倒数加起来得到的[①]：

$$\frac{1}{1} + \frac{1}{2} + \frac{1}{3} + \frac{1}{4} + \cdots$$

这个级数的项肯定会变得愈来愈小。然而，它却并不收敛。慢慢地——非常慢地——它的和将增大并且超过任何有限值。由此可见，当 $n \to \infty$ 时级数的项变得愈来愈小，这只是该级数收敛的**必要**条件，而不是**充分**条件。

调和级数的这种奇怪特性使一代又一代的数学家为之困惑着迷。它的发散性是由法国学者奥雷姆（Nicolae Oresme）在极限概念被完全理解前约 400 年首次证明的。（他的证明与我们今天使用的证明方法完全相同，附录中给出了这个证明。）然而，如果我们开始把调和级数的项加起

---

① 形容词"调和"（harmonic）指该级数的成员和音阶间隔之间的某种联系。——原注

来,部分和的特征中没有任何哪怕是最细微的迹象表明该级数可能发散。一些数字可能会使这一点变得清楚:如果我们把该级数的前一千项相加,其部分和精确到千分之一时是 7.485;对于前一百万(10^6)项,其部分和将是 14.357;对于前十亿(10^9)项,部分和约为 21;对于前一万亿(10^{12})项,部分和约为 28,等等。① 或者,我们还可以反过来问这个问题:要使该部分和超过一个给定数 N,我们必须使多少项相加? 对于 $N=5$,我们必须加 83 项;对于 $N=10$,是 12 367 项;对于 $N=20$,约是三亿项。但是,假设我们更大胆一点,让 $N=100$,一个来自微积分的简单估算公式表明,我们必须将大约 10^{43} 项相加——也就是说 1 的后面跟着 43 个零! 这当然是一个非常大的数,但是从下面的计算中可以知道这个数到底有多大:假设我们把求和的任务交给一台每秒钟能加 100 万项的计算机,那么这台计算机需要约 10^{37} 秒把这 10^{43} 项加起来。现在估算出的宇宙年龄也“只不过”约 10^{17} 秒。这样看来,我们的机器需要好多个“宇宙生命周期”才能完成这项任务! 我们可以用另一种方式思考这个问题。设想一下,我们试图在一张很长的纸带上一项接一项地写下该级数,直到它的和超过 100。假设每一项仅在我们的纸带上占 1 毫米的地方(这当然是低估了,因为它的项需要越来越多的数字),我们必须使用 10^{43} 毫米长的纸带,这个长度大约为 10^{25} 光年②。但是,宇宙的已知尺寸估计只有 10^{12} 光年;也就是说,在这个级数超过 100 之前,整个宇宙就已经写不下我们的级数了。然而,可以确信,如果我们能够把**整个**级数——就是得到的无穷多的项——都加起来——和一定会变得无穷大。无限过程的本质就是:一些级数收敛于其极限,而其他看似能够简单收敛的级数却无法收敛③。

调和级数的这个特性引出了很多有趣问题,有些至今仍未得到解决。

---

① 在一个简单的计算器上很容易做到这一点,只是有点儿单调罢了。编程计算器,或者是性能更好的计算机当然都能以更快的速度完成这项任务。——原注

② 一光年是光以每秒约 300 000 千米的速度在一年里所走过的距离,它约等于 9.4×10^{12} 千米,或者说接近于十万亿千米。——原注

③ 见 H. P. Boas, Jr. 和 J. W. Wrench, Jr. 的 *Partial Sums of the Harmonic Series* 一文, *the American Mathematical Monthly*, 78(1971)。pp. 864-870。——原注

如前所述,这种特性来自于这样一个事实:级数的项越来越小,而该级数仍然发散。因此,某些项一定是导致发散的原因,所以问题出现了:要使这种级数收敛,必须从中消去哪些项或哪类项呢? 人们对这个问题进行了很多研究。例如,已经证明:如果我们从级数中去掉所有分母是合数的项(例如 1/4,1/6,1/8,1/9 等),得到的级数仍然发散! 这非常值得注意:因为剩余的项是素数的倒数,而且当我们移向更大的数时,素数将越来越稀疏。这样一来,人们自然会从直觉上期待,通过大量减少调和级数的项,使它只包括素数的倒数,该级数就会收敛。但事实并非如此。

另一方面,由所有**孪生**素数——形如 p 和 $p+2$ 的素数对(例如 3 和 5,5 和 7,11 和 13 等等)——的倒数组成的级数确实收敛。但是在此必须加上一句警告的话:我们不知道这些孪生素数在数量上是有限的还是无限的。绝大多数数学家相信它们有无穷多个(尽管它们在自然数中的分布比在素数自身中的分布还要稀少);但是只有在我们完全确定后——这可能不会太快,我们才能把这个级数看成是无穷级数。

针对从调和级数中消项,人们也进行了其他尝试。我们再举一个例子:如果我们从级数中消除所有分母中含有数字 9(例如 9,19,92,199 等)的项,所产生的级数已知收敛于 22.4 和 23.3 这两个数之间的某个和[1]。

与调和级数相关的一个悬而未决的著名问题是:人们借助微积分可以发现,该级数的第 N 个部分和总是"挤在"$\ln N$ 和 $1+\ln N$ 两个值之间,这里的 $\ln N$ 是 N 的自然对数。(例如,该级数的前一千项的和精确到千分之一时为 7.485,而 $\ln 1000=6.908$;所以 $\ln 1000<7.485<1+\ln 1000$)[2]。这就意味着当 $N\to\infty$ 时,式子 $(1+1/2+1/3+\cdots+1/N)-\ln N$ 趋向于一个确定极限。这个极限称为**欧拉常数**,并且用希腊字母 γ(gamma)表示;它的值精确到小数点后五位是 0.577 22。不知道 γ 是有理数还是无理数(见第 7 章和第 8 章)。

---

① 见 Frank Irwin 的 *A Curions Convergent Series* 一文,*the American Mathematical Monthly*,23(1916),pp.149-152。——原注

② 调和级数与自然对数的密切联系来自公式 $\int_1^N \mathrm{d}x/x=\ln N$,微积分中的一个基本公式。——原注

第5章　几何级数

> 除了几何级数之外,在整个数学领域,没有任何一个无穷级
> 数的和已被严格确定。
>
> ——阿贝尔(Niels Henrik Abel)

如果说调和级数是发散级数中最著名的,那么,几何级数在收敛级数中也一样。我们已经在跑步者的悖论中碰到了这个问题。在几何**序列**或级数中,我们从一个初始数 a 开始,通过与一个常数 q 反复相乘,便得到了后面的各项: $a, aq, aq^2, \cdots, aq^n, \cdots$。常数 q 是该级数的**公比**或商。有时候我们的级数在若干项之后结束,当然,在这种情况下我们略掉最后的省略号。这种有限的几何级数十分频繁地出现在各种情况中。人们最熟悉的可能就是复利:例如,某人在年利率为5%的储蓄账户上存入100美元,那么在每年的年末,这笔钱的数额将增加到 1.05 倍,由此产生了序列100.00,105.00,110.25,115.76,121.55,等等(所有的数字都近似到小数点后两位)①。至少从理论上讲,这种增长令人印象深刻:唉,通货膨胀很快就会浇灭人们可能从这种增长中获得的任何兴奋!

---

① 利用"不变"的特性,我们可以很容易地在计算器上得到这些数字,只需根据需要反复按下"等于"键就可以做到重复相乘。——原注

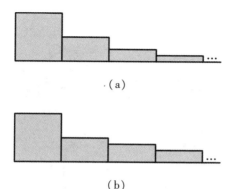

图 5.1　几何级数与调和级数的对比,每个级数都被表示为底边是单位长度的矩形面积之和。

　　(a) 几何级数:每个矩形的高度是前一个矩形高度的一半,面积之和收敛于极限 2,亦即是初始正方形面积的两倍。

　　(b) 调和级数:高度遵循序列 $1, 1/2, 1/3, 1/4, 1/5, \cdots$,这个级数是发散的,通过增加越来越多的矩形,其总面积可达到任意大。

　　几何级数的增长速度可能会令人震惊。有一个关于古波斯国王的传说,他对一种新近发明的象棋游戏印象深刻,于是他想要见发明者而且以皇宫的财富相赠。当这个发明者——一个贫穷但却十分精通数学的农民——被国王召见时,他只要求在棋盘的第一个方格里放一粒麦粒,第二个方格里放两粒麦粒,第三个方格里放四粒麦粒,如此继续下去,直到整个棋盘都被覆盖上为止。国王对这个朴实的要求感到震惊,他立即命人拿来一袋子小麦,他的仆人们开始耐心地在棋盘上放置麦粒。令他们十分惊愕的是,他们很快发现袋子里的麦粒甚至整个王国的麦粒总数也不足以完成这项任务,因为级数 $1, 2, 4, 8, 16, 32, \cdots$ 的第 64 项是一个十分大的数字:9 223 372 036 854 775 808。如果我们设法把如此多的麦粒——假设每个麦粒直径仅一毫米——摆成一条直线,这条线将长约两光年!①

　　很多人都觉得几何级数的增长方式有某种魅力。不知为什么,他们觉得一个级数的"自然"增长方式应该是线性的,也就是说,是相等的增

①　"国际象棋"(chess)一词巧合地来自"shah"(伊朗国王的称号),这给传说又增添了某种可信性。——原注

图 5.2　小男孩在镜子中的重复镜像，每个镜像正好是前一个镜像的一半，所以遵循一个 $q = \dfrac{1}{2}$ 的几何级数。照片由 Charles Eames 拍摄。选自 Charles 和 Ray Eames 为 IBM 设计的展览 *Mathematica*。本书复制时得到了作者许可。

量，就像自然数级数的增长那样。这种序列称为算术级数（形容词"算术的"和"几何的"仅仅用来区分这两种类型）。算术级数也十分普遍：在一段楼梯中，高度以线性方式增加；马路上的路灯间隔相等距离；钟表的滴答声有相等的时间间隔。几何级数与算术级数之间的不同可以从储蓄例子中看出。如果银行以单利而不是复利支付，那么钱的数额应为 100，105，110，115，120 美元，依此类推。我们看到，从第三项起，几何级数的增长速度超越了算术级数。

　　但是，我们更感兴趣的是**无穷**几何级数。无穷几何级数与有限几何级数一样，也很常见。一个很能说明问题的例子就是放射性衰变现象：在经过一段时间后，放射性物质的初始量将只剩下一半；在经过相等的一段时间之后，将只剩下四分之一，以此类推。（当然，衰变物质将转化为其他元素,例如铅等;而且在这一过程中将有辐射能释放出来。)从理论上讲,这个过程将永远持续下去。事实上,当最后一个原子衰变后,这一过程就会结束。任何初始量衰减到自身的一半所需的时间是其"半衰期",不同物质半衰期差别极大。铀的常见同位素(^{238}U)的半衰期约五十亿年;普通镭(^{226}Ra)的半衰期为 1600 年,镭的另一个同位素^{230}Ra 的半衰期仅有一小时,而^{220}Ra 的半衰期只有 23 毫秒。正是由于这个原因,很多不稳定元素在天然矿物中找不到。这些元素在地球形成时无论初始量是多少,都早已衰变成了更稳定的元素。半衰期是上述放射性物质的特征,然而半衰期却不依赖于该物质的初始量:一克^{226}Ra 衰变成半克所需要的时间与一吨^{226}Ra 衰变成半吨所需的时间同样都是 1600 年。这个事实正是确定考古发现年代时使用的著名碳-14 测定的基础。

现在再回到无穷几何**级数**。我们已经看到,任何无穷级数收敛于零的必要条件是,当我们沿着级数往前走时它的项应该变得越来越小。对于几何级数来说,这就意味着公比 q 必须是-1 与 1 之间的一个数。结果表明,在这种情况下,它也是一个充分条件:当 q 在 -1 和 1 之间时,级数就收敛。此外,几何级数是我们能够精确预测其极限的极少数级数中的一个。一些读者可能还记得中学数学课上的公式:

当且仅当$-1<q<1$ 时,$a+aq+aq^2+\cdots=\dfrac{a}{1-q}$①。

附录给出了这个重要公式的证明。当 $a=1/2$ 和 $q=1/2$,它给出了跑步者悖论中的极限:$1/2+1/4+1/8+\cdots=(1/2)/(1-1/2)=1$。循环小数是另一个恰当的例子:小数 $0.999\cdots$(通常写作 $0.\dot{9}$)是几何级数 $9/10+9/100+9/1000+\cdots$的一种缩写,其中 $a=9/10$,$q=1/10$。这个级数收敛于极限$(9/10)/(1-1/10)=1$,所以我们说 $0.999\cdots$**等于** 1——不是约等而是等于——是完全正确的。很多人很难接受这个简单的事实,人们常常会听到关于其有效性的激烈讨论。

公比 q 越接近 1 或-1,级数收敛于由上述公式预测到的极限的速度

---

① 词组"当且仅当"是"必要的和充分的"的同义词。——原注

越慢;也就是说,在特定距离内到达这个极限将需要更多的项。对于 $a=1$ 和 $q=1$,我们得到了级数 $1+1+1+\cdots$,很显然,它是发散的。然而,对于 $a=1$ 和 $q=-1$,却出现了一种有趣的情况:级数变成了 $1-1+1-1+\cdots$,它不趋向于任何确定的极限,但是,我们的公式预测应得到极限 $1/2$。一定是出了什么问题! 的确,我们不恰当地使用了这个公式,因为该公式只有当 q 的值在 -1 和 1 之间而不是等于 -1 或 1 时才能成立。然而,我们觉得这种情况与 q 的绝对值大于 1 时有些不一样(q 的绝对值大于 1 时部分和的增长会超过所有界限);此处的部分和只在 1 和 0 之间摇摆:$1=1,1-1=0,1-1+1=1,1-1+1-1=0$,以此类推。

这种看上去奇怪的特性是微积分发明后几年中众多争议的源泉。莱布尼茨自己也主张,由于和是 0 或者 1 的概率相等,所以其"真"值应该是它们的平均值,即 $1/2$,这与我们的公式恰好一致![①] 这种肆无忌惮的、粗心大意的推理,在我们今天看来似乎是不可思议的,但是在莱布尼茨的时代,极限概念还远未被完全理解,无穷级数是以一种纯粹的操作方式加以研究的,没有考虑其收敛问题。今天,我们知道这个问题绝对关键:发散级数就是**没有**和的级数,任何想赋予它一个特定数值的企图都注定要失败。最先认识到这一事实的数学家中,挪威人阿贝尔算是一个,他在1828 年写道:

> 发散级数是魔鬼的创造,而且无论把何种证明建立在它们的基础之上,都是一种耻辱。人们可以使用这些级数推导出所喜欢的任何结论,这就是这些级数已经产生了那么多谬误和悖论的原因……[②]

---

① 人们还能得到该级数和的其他值:如果我们把我们的级数写为 $1+(-1+1)+(-1+1)+\cdots$,可以看出它的和是 1;如果我们把它写作 $(1-1)+(1-1)+\cdots$,它的和为 0。但是,如果我们把和记为 S,我们可写出 $S=1-(1-1+1-1+\cdots)=1-S$,从中我们得出 $S=\dfrac{1}{2}$。当然,所有这些"结论"都是错误的,因为这个级数发散。——原注

② 阿贝尔暗示发散级数是无用的,然而他是错的;事实上,发散级数有很多应用,而且在数学分析中是一种重要的工具。参见 Godfrey Harold Hardy 著 *Divergent Series* 一书(Oxford University Press,1949 年版)。——原注

第6章 其他无穷级数

> 在使用（无穷大）这种方法时，学生们必须警惕并思考，因
> 为当无穷大被不熟练地应用于论证时，结论常常是最荒谬的。
>
> ——卢米斯（Elisha S. Loomis）

无穷几何序列和级数不仅出现在纯粹数学中，还出现在几何学、物理学和工程学中，而且至少有一个当代艺术家埃舍尔把他的很多作品建立在无穷几何序列和级数之上。我们将在以后的章节中研究一些无穷几何序列和级数。同时，让我们简要地研究一下一些其他级数，其中的几个级数在数学史上是重要的里程碑。我们已经看到调和级数 $1+1/2+1/3+1/4+\cdots$ 是发散的，但是，具有自然数**平方**的相应级数困扰了数学家好多年。其中包括伯努利兄弟，他们都没有找到它的和，尽管当时人们已经知道这个级数收敛。[①] 瑞士大数学家欧拉（Leonhard Euler）最后解开了这个谜。他于 1736 年发现的结果既出人意料，又十分优美：

---

① 伯努利家族之于数学正如巴赫家族之于音乐。在两个多世纪的时间内，他们统治着欧洲的数学舞台，对当时所知的几乎每一个数学领域都作出了贡献。从尼古劳斯·伯努利（Nicolaus Bernoulli）开始，这个家族中至少有十二个成员在数学领域取得了成就。他们大部分出生在瑞士的巴塞尔——他们生活和工作的地方。正是雅各布·伯努利首先证明了级数 $1/1^2+1/2^2+1/3^2+\cdots$ 收敛。——原注

$$\frac{1}{1^2}+\frac{1}{2^2}+\frac{1}{3^2}+\frac{1}{4^2}+\cdots=\frac{\pi^2}{6}$$

其证明远非那么简单,但有趣的是,欧拉使用的方法在今天肯定通不过任何有自尊心的数学家挑剔的眼光。欧拉发现的惊异之处在于仅涉及自然数的级数极限中意外地出现了 π。直至今天,欧拉级数还被看作是数学分析中最漂亮的结果之一。

欧拉使用类似的方法发现了其他很多涉及自然数的无穷级数的和。这些结果都于 1748 年出现在他的不朽著作《无穷小分析引论》(*Introduction in analysin infinitorum*) 中,该书专注于无穷过程,而且被认为是现代分析的基础。当 k 取 2 到 26 之间所有偶数值时,级数 $1/1^k+1/2^k+1/3^k+1/4^k+\cdots$的求和法,是他的很多研究成果中的一个;加到最后一个值,他发现其和为:

$$\frac{2^{24}\times76\ 977\ 927\times\pi^{26}}{1\times2\times3\times\cdots\times27}$$

但是,当 k 取**奇数**值时,这个级数处理起来要难得多,而且直到今日,对于 $k=3$ 情况下该级数的和的确切特性还不为人知①。

欧拉不是发现无穷级数与 π 有某种联系的第一人。我们在前面提到过 1671 年被发现的格雷戈里级数:

$$1-\frac{1}{3}+\frac{1}{5}-\frac{1}{7}+-\cdots=\frac{\pi}{4}$$

这个级数是当时刚发明的微积分的首批成果之一。但是,如果我们试图从中求出 π 的值,那么等待我们的将是失望:这个级数收敛速度非

① 然而,众所周知,一般级数 $1/1^k+1/2^k+1/3^k+\cdots$ 对所有大于 1 的 k 值都收敛,对 $k\leqslant1$ 则发散。($k=1$ 时是调和级数。)这个定理用微积分学得到了证明。对于 $k=3$ 的情况,参见 Alfred Van der Poorten 的“A Proof that Euler Missed... ——Apéry's Proof of the lrrationality of $\zeta(3)$”一文,载于 *the Mathenatical Intelligcncer*,1(1979)。pp. 195-203。阿佩里在 1978 年证明了该级数的和近似于 1.202。当被视为指数 k 的函数(其中,k 可以假定复值)时,级数 $\sum\limits_{i=1}^{\infty}1/n^s$ 就是 ζ 函数,用 $\zeta(s)$ 表示,它出现在数学的各个分支中,是一个活跃的研究课题。——原注

常慢,以至于它需要 628 项才仅能把 π 的值仅仅近似到小数点后两位(即 3.14)! 使用其他公式会更加实用,例如:

$$\frac{1}{1^4}+\frac{1}{2^4}+\frac{1}{3^4}+\frac{1}{4^4}+\cdots=\frac{\pi^4}{90}$$

这是 $k=4$ 时的欧拉级数,其收敛速度极快。这些例子凸显了收敛的理论概念与收敛**速度**的实际问题之间的差别,收敛速度在计算机出现以后变得尤其重要。

与无穷级数相关的是一些最引人注目的无穷大悖论,这些悖论使 17 和 18 世纪的数学家感到很困惑,就像两千年之前的运动悖论问题曾经使希腊数学家感到困惑一样。例如,初等算术告诉我们:在任何**有限**和中,我们可以重新排列项的顺序,而不会影响和的值。所以,1+2+3 与 2+1+3,3+2+1 相同。(用专业术语说,我们在从第一个式子变为其他式子时使用了结合律和交换律。)最后一个求和公式是第一个和式反过来写。我们常常在会计学中使用这种可逆步骤,以检查一长串数字的和可能出现的错误。但是,我们对无穷和也能这样做吗? 这一次,我们当然不能反过来写出求和,也就是从最后一项开始,到第一项结束,因为没有最后项。但是,我们仍然可以重新排列我们的和,比如可以把某些项提到级数中更靠前的位置,把其他的项移到比较靠后的位置。问题是:这种重排影响这个和吗? 意想不到的答案是:**会**。重排一个无穷级数的项在某些情况下会影响级数收敛的极限,甚至有可能把一个收敛级数变成一个发散级数! 这一问题的典型例子是具有交替正负号的调和级数,它收敛于 2 的自然对数(写作 ln2):

$$\frac{1}{1}-\frac{1}{2}+\frac{1}{3}-\frac{1}{4}+\frac{1}{5}-\frac{1}{6}+\frac{1}{7}-\frac{1}{8}+\cdots=\ln2$$

我们在该等式的两边均乘以 $\frac{1}{2}$:

$$\frac{1}{2}-\frac{1}{4}+\frac{1}{6}-\frac{1}{8}+\cdots=\frac{1}{2}\ln2$$

现在我们把两个级数逐项相加,把上下对应项相加:

$$\frac{1}{1}+\frac{1}{3}-\frac{1}{2}+\frac{1}{5}+\frac{1}{7}-\frac{1}{4}+\frac{1}{9}+\frac{1}{11}-\frac{1}{6}+\cdots=\frac{3}{2}\ln 2$$

但是,最后一个级数只是原有级数的重排,然而,其和却是原级数和的 3/2,这便产生了 1=3/2 的"结果"！库朗(Ricard Courant)在他的微积分学论文中写道:

"不难想象,这种明显悖论的发现对 18 世纪的数学家的影响,他们习惯于运算无穷级数而不考虑它们的收敛性。"

出现这种悖论现象的原因是:级数 1-1/2+1/3-1/4+⋯之所以收敛,只是因为它的项有交错变化的正负号,因此可以部分地相互"补偿"。但是如果我们取这些项的绝对值(即全带正号),我们将会得到发散的调和级数。因此,这便有了两类收敛级数之间的一个根本区别:一类是绝对收敛级数,其收敛与各项的正负号无关;一类是条件收敛级数,其收敛仅仅通过交错变化各个项的正负号便可产生。前一类代表了收敛更强的类型,因为这里的收敛是由于它的项自身足够快地逼近零。微积分学已证明,只有在绝对收敛级数中,项的重排才不影响其和。我们在这里第一次体会到,那些对有限计算总是有效的普通算术规则,在牵涉到无穷大时可能会失灵。

我们这里讨论的所有级数都属于一个庞大而重要的级数家族,这就是**幂级数**。这种级数的通式是 $a_0+a_1x+a_2x^2+\cdots$,或者简明地写为 $\sum_{n=1}^{\infty} a_n x^n$,这里的 a_n 是系数或常数,而 x 则是一个变量,它的值可以确定该级数是否收敛①。例如,几何级数 $1+x+x^2+\cdots$ 是一个所有 a_n 都等于 1 的幂级数,而如果该级数收敛,那么 x 的值必须在-1 和 1 之间。同样,调

---

① 有时这种级数被称为"无穷多项式",表明基础代数中研究的多项式向无穷多项的扩展。(**多项式**是形如 $a_0+a_1x+a_2x^2+\cdots+a_nx^n$ 的表达式;其中 a_i 是**系数**,而数字 n,即 x 的最高次数,则是多项式的**次数**。例如,多项式 3-$2x+7x^2$ 的次数是 2,其系数是 $a_0=3,a_1=-2,a_2=7$。)然而,使用"多项式一词表示无穷幂级数也不完全合理。因为我们已经看到,这种级数可能不会遵循有限多项式遵循的所有算术规则。——原注

和级数是从幂级数 $x+x^2/2+x^3/3+\cdots$ 得到的,这里令 $x=1$。为了全面理解这些幂级数——尤其是其收敛问题,我们必须超出实数系统而进入**复数**领域。复数是形如 $x+iy$ 的数,这里的 x 和 y 是一般实数,而 i 则是著名的"虚数单位"——-1 的平方根。尽管这种扩展的技术细节不在我们讨论的范围之内,但我们至少可以简要概述一下它们的要点。为了判断一个给定幂级数是否收敛,我们必须在复域中考察一下这个级数,也就是说,把它的所有项(包括系数)都看成是复数①。这样一来,每个级数都与一个称为**收敛圆**的圆有关,在收敛圆内的级数总收敛,而在收敛圆外的级数则发散。在收敛圆上的级数会发生什么一般无法预测:一个级数可能在圆的一些点上收效,而在其他点上发散;它可能在该圆的所有点上均收敛,又或者它在任何点上都不收敛。例如,几何级数 $1+z+z^2+\cdots$(其中的 z 现在表示复数 $x+iy$)的收敛圆是单位圆(该圆圆心为 O,半径为 1),而且它在该圆的所有点上都**发散**。(我们可以用用点 1,-1,i 和 $-$i 进行检验,这些点都在圆上(见图 6.1)。另一方面,级数 $z+z^2/2+z^3/3+\cdots$ 有相同的收敛圆,它在 $z=1$(给出了调和级数)时发散,而在 $z=-1$,和为 $-\ln 2$ 时收敛。还有一些幂级数对 z 的**所有值**都收敛,在这种情况下收敛圆的半径无穷大;另外一些幂级数对除了 $z=0$ 之外 z 的**任何值**都不收敛,即收敛圆收缩为一个单独的点。

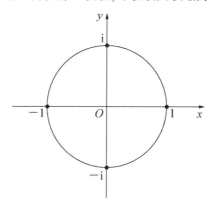

图 6.1 级数 $1+z+z^2+z^3+\cdots$ 的收敛圆,其中 $z=x+iy$ 符号 i 表示"虚数单位",$\sqrt{-1}$。

———————————

① 实数是复数的一个特例。例如数字 5 就是复数 $5+0i$。——原注

随着法国数学家柯西(Augustine Louis Cauchy)在1831年发现了这一事实,人们终于对无穷级数有了一个全面了解。从那时开始,幂级数就成了几乎每个数学分支中的一个必不可少的工具。这就使它们扩展成为更一般类型的级数,其中的项不是 z 的幂(即 z^n)而是 z 的更复杂的函数,特别是三角函数①。这种情况因一个发现而达到高峰:函数(几乎任何函数)本身都可表示成某种无穷级数。这一发现在物理学中的应用十分广泛,而且在量子理论的发展中起到了关键性作用。与此同时,分析的理论基础得以形成和完善,无穷过程的运算规则得以确定,直到最后一丝疑虑被消除,每个悖论都得到了解决——甚至是最严谨的数学家也对此感到满意。

到19世纪末,探索并理解无穷大概念这一长期斗争似乎已取得了圆满成功,这一概念最终植根于坚实的基础之上。后来一个年轻的,当时知名度还不高的数学家出现了,他彻底动摇了这些基础。他就是康托尔(Georg Cantor)。

---

① 数学中的函数是一种规则,它为一个变量(称为自变量,通常用 x 或 z 表示)的每个容许的值指派第二个变量(因变量,通常用 y 表示)的一个单独的值与之相应。例如,方程 $y=x^2$ 为 x 的每个值指定的相应值是它自己的平方,所以这是一个函数;类似地,方程 $y=1/x$ 为 x 的每个非零值指定的相应值是它的倒数,第11章将研究具有更一般特性的函数。——原注

第7章 插曲：数的概念一览

数统治着宇宙。

——毕达哥拉斯学派的座右铭

上帝创造了整数；其余都是人的工作。

——克罗内克(Leopold kronecker)

    为了欣赏康托尔有关无穷大的革命性思想，我们首先必须简短地浏览一下数的概念史。数的最简单类型当然是计数数 $1,2,3,\cdots$。数学家喜欢把它们称为**自然数**①，或**正整数**。这些数尽管很简单，但有历史记载以来，它们一直是研究和思索的对象，而且许多文明赋予它们以各种神秘特性。现代数学的一个重要分支——数论——就是专门研究自然数的，而且一些有关自然数的最基本问题——例如与素数有关的问题，至今也没有找到答案。但是，自然数的唯一最重要的特性肯定是：**自然数有无穷多个**。计数数没有最后一个数，这个事实对我们来说似乎太明显了，以至于我们几乎从不费神去思考它的后果。如果真的存在最后一个数，而且在它之后再没有数存在的话，那么整个数的计算系统——我们熟悉的算术规则——将会像一

① 现在的自然数中包含 0。——译者注

个用纸牌搭成的房子那样倒塌。设想一下如果确实存在这样一个数,例如1000,那么,我们不但必须忽略比 1000 大的任何数,而且结果超过 1000 的所有计算(例如 999+2 或 500+600)都将变得"不合法"。换句话说,通常的计算技巧不得不被抛弃。所幸的是情况并非如此。我们把计数数的无穷性当作一个公理,一个其有效性可被认为理所当然的陈述。如果以一种更正规的方式陈述,该公理可表述为:**每个自然数 n 都有一个后继者 n+1**。

如果在自然数集上加入方向的概念,我们可得到**整数**集。整数包括正整数、负整数和零。整数在两个方向上无限延伸,除此之外,整数与自然数没有本质区别。这样,每一个负数都可被看成是相应正数的"镜像",这一事实在人们熟悉的实数直线上得到生动说明(如图 7.1)①。

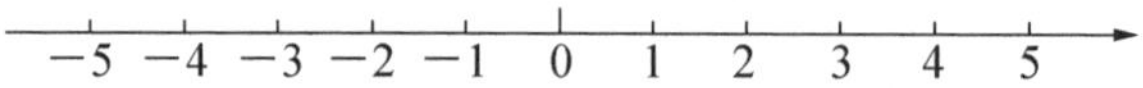

$$-5 \quad -4 \quad -3 \quad -2 \quad -1 \quad 0 \quad 1 \quad 2 \quad 3 \quad 4 \quad 5$$

图 7.1　实数直线。

从复杂性方面讲,下一个数是普通的分数,或者**有理数**;这些数是形如 $\frac{a}{b}$(还可以写为 a/b 或 $a:b$)的数,其中的 a 和 b 是整数。当然,分母 b 必须不为零,因为除以零是违反规则的运算。有理数的例子有 2/3,3/2,-17/9,还有 5,因为 5 可被写为 5/1。这样看来,整数集是有理数的一个**子集**(正像自然数是整数的一个子集一样)。人们一学会运算计数数时就知道了分数,因为任何不能正好得到一个整数的测量都会用到分数。希腊人特别重视分数,他们相信自然界中的一切都可以用整数的比率表示——这也正是毕达哥拉斯学说的精华。这种哲学十有八九来源于音乐。正如毕达哥拉斯本人以前发现的那样,任何振动的弦产生的普通音程,都与弦长度的简单

---

①　尽管负数很简单,但它们作为真正的数被纳入数学中的过程却很缓慢。希腊人完全排斥它们,或者是把它们看作是"不合理的"量;"虚数"i(-1 的平方根)后来的境遇与此极为相似。生活在公元 7 世纪的印度数学家婆罗摩笈多在他的著作中首先提到了负数。直到公元 17 世纪,负数才被完全纳入我们的数系。有关负数史的更详细的讨论,参阅 David Eugene Smith 的 *History of Mathematics*(*Vol. Ⅱ*)一书第 257—260 页(1958 年由 Dover Publications 在纽约出版)。——原注

数字比相对应。为了产生两个相差八度的音符,我们首先让弦在它的全长上振动,然后在其长度的一半上振动;这样,一个八度音就对应于比例 2:1。同样,五度音程对应于 3:2,四度音程对应于 4:3,以此类推。事实上,听起来越动听、和谐的音程,表示它的分数就越简单。不和谐的音程比例更复杂。例如,二度音程的比例是 9:8,而半音的比例是 16:15。由于在希腊人的世界中,音乐与数学和哲学具有同等的重要性,所以希腊学者在这些事实中看到了一个迹象:整个宇宙都是根据音乐和谐的法则,即分数,构建的。因此,有理数支配着希腊人的世界观,正像理性思维支配着他们的哲学一样。(事实上,希腊语表示理性的词是 logos,我们现代的逻辑"logic"正是由这个词来的。)

正如整数有无穷多个一样,分数也有无穷多个。但是这里有一个重要区别:整数之间的间隔较大——每个间隔就是一个单位,而有理数则是**稠密的**;也就是说,在任意两个分数之间,无论它们离得多么近,我们总能再找到一个分数。例如,在 1/1001 与 1/1000 之间(当然它们非常接近,两者的

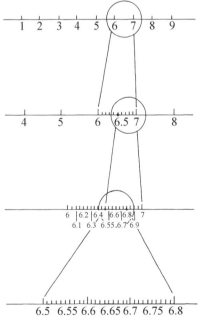

图 7.2　有理数的稠密性:在任何两个无论离得有多近的有理数之间,
总有无穷多个其他有理数。

差仅有约一百万分之一），我们可加入分数 2/2001。（事实上，这些分数的十进制数值分别为 0.000 999，0.001 和 0.000 999 5。）现在我们可以重复这一过程，并且在 2/2001 和 1/1000 之间塞进另一个分数（例如 3/3001），以此类推，**永无止境**（图 7.2）。因此，我们不仅可以在任意两个给定分数之间塞进一个新分数，而且事实上我们可以在它们之间加入**无穷多**个分数。但是，这只不过是用另外一种方法说明，这种划分过程可被无限重复下去。在物质世界里我们最终可以到达原子或亚原子级（所谓的"基本粒子"），与物质世界情况不同的是不存在"数学原子"，不存在无法被分成更小单位的最小单位。

这样看来，有理数好像构成了一个巨大的、成员稠密的数的集合，在其成员之间没有留下间隔。这反过来又意味着整个实数直线完全被有理数或"有理点"填满了。当人们发现情况并非如此时，数学史上最重要的大事之一发生了。尽管有理数稠密，但它们还是在实数直线上留下了"空洞"，也就是说，有些点不对应任何有理数！

第8章 无理数的发现

把有理算术应用于几何学问题的尝试,在数学史上引发了首次危机。两个相对简单的问题——正方形对角线以及圆周长的确定——揭示了一种新的数学实体的存在;在有理数的范围内找不到这种数学实体。

——丹齐克(Tobias Dantzig)

这些"空洞"的发现者被认为是毕达哥拉斯——公元前6世纪希腊著名的数学和哲学学派的创始人。毕达哥拉斯的生活笼罩着一层神秘色彩。我们对他少许的了解,也是传说多于事实。这不仅因为缺乏他那个时代的文献,还因为毕达哥拉斯的信徒形成了一个秘密的、致力于神秘主义的团体,其成员一致同意严格的集体生活准则。人们有些怀疑归功于毕达哥拉斯的很多贡献是否真是他自己的,但是毫无疑

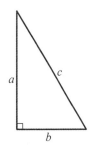

图 8.1 毕达哥拉斯定理:在任何直角三角形中,$c^2 = a^2 + b^2$,其中 a 和 b 是直角边,c 是斜边。

问,他的学说对后来的数学史产生了巨大的影响,而且这种影响持续了两千多年。当然,他的名字永久地与关于直角三角形的斜边与其他两

条边的关系定理联系在一起——尽管有强有力的证据证明巴比伦人和中国人在毕达哥拉斯之前至少一千年就已经知道了这个定理。这个定理表明,在任何直角三角形中,斜边的平方等于两条直角边的平方和: $c^2 = a^2 + b^2$(见图 8.1)。毕达哥拉斯定理可能是数学中最著名,而且肯定是使用最广泛的定理,并且它直接或间接地出现在几乎每一个数学分支中。

在所有的直角三角形中,有一种三角形对于我们的讨论有着特殊重要意义:等腰直角三角形,也就是说 $a = b$。因为我们可以根据意愿自由选择长度单位,于是我们赋予每条边一个单位长度($a = b = 1$)。这样,根据毕达哥拉斯定理可得出 $c^2 = 1^2 + 1^2 = 2$,所以斜边的长度等于 2 的平方根,写作$\sqrt{2}$。借助任何计算器上的平方根键,我们可以找到它的近似值:1. 414 21。

尽管我们无法求得$\sqrt{2}$的精确值,因为这需要无穷多位数字(正像 π 那样),但是仍然有各种各样的方法或**算法**①,可用来求出想要的任意精确度的$\sqrt{2}$近似值。不过这一事实无法阻止我们在实数直线上找到与$\sqrt{2}$相对应的点,并且**精确地**为该点定位。我们选择从 0 到 1 的一段作为长度单位(图8.2)。在这条线段

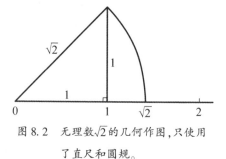

图 8.2　无理数$\sqrt{2}$的几何作图,只使用了直尺和圆规。

的终点我们(向上)作一条单位长度的垂线线段。现在我们拿出一个圆规,将其一只脚放在 0 点上,在 0 上方张开圆规,直到它的另一只脚与垂线的末端重合,然后画一段弧。这段弧与实数直线相交的点就是我们要找的点,因为它到 0 的距离是$\sqrt{2}$。注意,整个作图只使用了两件仪器——

---

① 算法是一种由有限步步骤组成的"配方",当遵循这些步骤时,便可求出一个数学题的解。$\sqrt{2}$的算法使我们能够求出其十进制展开到小数点后任意给定(有限)的位数。"算法"一词来自花拉子米(Al Khowarizmi),一位 9 世纪的阿拉伯数学家,他使印度计数法在欧洲得到了广泛应用。——原注

一把直尺和一副圆规,这一点正好与希腊人要求所有几何作图都必须只使用这两种工具的传统相一致。我们画出的图还表明,想要的点就位于实数直线上点 1 到 2 之间。

但是,$\sqrt{2}$ 到底是一个什么类型的数呢?希腊人当然把它认定为一个有理数,因为他们当时只知道有理数。然而有一天,毕达哥拉斯学派的某个不知其名的成员——或许是毕达哥拉斯自己——吃惊地发现,$\sqrt{2}$ 不可用单位公度,也就是说这两个数没有一个公测度。这就等于说 $\sqrt{2}$ 不能写成两个整数之比;因为,假设它能被写成两个整数的比,那么从方程 $\sqrt{2} = a/b$ 中我们可以得出 b 乘以 $\sqrt{2}$ 正好等于 a 个单位,从而使 $\sqrt{2}$ 和 1 是可公度的。所以,这毫无疑问是一个数(因为它表示了一段长度),但这个数既无法写成整数也不能写成整数之比。就这样,世人首先发现了无理数的存在。

这一发现的细节具有浓厚的神秘色彩,而且我们甚至不知道在这一过程中使用了什么证明。今天至少有三种关于 $\sqrt{2}$ 无理性的不同证明,附录给出了其中的一种。希腊人十有八九使用的是一种几何证明而不是代数证明,因为研究几何学是他们的主要兴趣(此外,正如我们所看到的,他们没掌握代数语言)。但是无论如何,这一发现使他们感到不知所措,因为有一种几何量否认了他们对有理数至高无上的信仰。他们是如此惊愕,以至于有一段时间他们干脆拒绝把 $\sqrt{2}$ 看作是一个数。这样一来,正方形的对角线事实上就成了一个难以计数的长度!有一种传说认为,毕达哥拉斯的信徒们因为害怕这一发现可能会给公众带来不利影响,而发誓把它作为一个严加保守的秘密。但是他们中的一个人希帕索斯(Hippasus)泄露了这个消息;他的目的是纯学术的还是政治的,我们不得而知,因为他的伙伴把他从他们乘坐的船上扔了下去,他的身体至今还躺在地中海的海底。

将无理数引入数学还有另一个原因,我们从初等算术中知道,如果我们加、减、乘或除两个或更多的分数,其结果仍然是一个分数,例如,1/1+1/4+1/9 得 49/36。数学家称这种特性是有理数在加、减、乘、除运算中的**封**

闭性。但是,这一规则也像我们已经讲过的其他规则那样,在我们试图把它扩展到无穷和与无穷乘积时可能会被打破。我们已经看到无穷级数 $1/1+1/4+1/9+1/16+\cdots$ 收敛于 $\pi^2/6$,而无穷乘积 $(2\times2\times4\times4\times6\times6\times\cdots)/(1\times3\times3\times5\times5\times7\times\cdots)$ 收敛于 $\pi/2$;这两个都是无理数,所以无法写成分数。这样一来,只有我们有限次应用这些运算时,有理数在基本四则运算中才是封闭的。当我们无限多次应用这些运算时,其结果可能会超越有理数的范围。

今天,无理数的存在再也不会让任何人感到不安。事实上,不但 2 的平方根,而且所有素数的平方根($\sqrt{3},\sqrt{5},\sqrt{7},\sqrt{11},\cdots$),还有大多数合数的平方根($\sqrt{6},\sqrt{8},\cdots$)都是无理数,就像 π 和 e 及由它们组成的其他数那样。直到 1872 年,戴德金(Ricard Dedekind)发表了他著名的论文《连续性与无理数》(*Continuity and Irrational Numbers*),一个完全令人满意的无理数理论才出现。这里的技术细节与我们无关;要紧的是,尽管有理数有很多,但它们在基本的四则运算下既不是封闭的,也不足以覆盖整个实数直线。它们尽管**稠密**,但还构不成**连续统**,它们留下很多空洞——事实上有无穷多个——而填充这些空洞的是无理数。

$$\sqrt{2} = 1 + \cfrac{1}{2 + \cfrac{1}{2 + \cfrac{1}{2 + \cfrac{1}{2 + \cdots}}}}$$

写成无限连分数的 2 的平方根。

如果我们现在把有理数和无理数结合起来,便会得到一个更大的**实数集**,形容词"实的"并不用来说明这些数的"真实"特征;它们与虚数或数学中使用的其他任何符号系统相比,既不更真实,也不更虚假。这只不过是我们口语中具有讽刺意味的现象之一,许多常用词在被专业人员使用时会具有一种完全不同的含义。无论如何,实数可被描述为所有可被写成小数(例如 0.5,0.121 212$\cdots$,-2.513 等等)的那些数。这些小数分为三类：有限的，例如 0.5；无限且循环的，例如 0.1212…（通常写为 0.$\overset{..}{12}$）[1]；以及无限且不循环的，其中的数字不会以完全相同的顺序重复出现（例如 0.101 001 000 1…）。前两种小数总是代表着有理数（在我们举的例子中，0.5 表示比例 1/2，而 0.$\overset{..}{12}$ 则代表 4/33）[2]，而第三类分数则代表无理数。然而，我们必须得出这样的结论：从实用的观点出发，有理数与无理数之间没有真正的区别，这是因为我们在对数进行书写和计算时，只能写到有限位数。也就是说，我们可以在无理数的某些位数之后，截掉后面无尽的十进制展开式，从而得到对该数的**有理逼近**。而且我们可以按照心意任意逼近，只需根据需要取任意多的十进制数字。（例如，小数 1，1.4，1.41，1.414 和 1.414 2 都是 $\sqrt{2}$ 的有理逼近，只是精确度在不断提高。）因此，工程师很少能够关心一个物体的长度是有理数还是无理数，因为即使该长度是无理数（如单位正方形的对角线），但由于所有测量装置固有的缺陷，他在任何情况下也只能以有限的精确度对其进行测量。当我们现在来研究康托尔有关无穷大的革命思想时，我们必须牢记这些事实，因为数概念的理论方面而不是实践方面，才是这场革命的根源。

---

[1] 实际上，有限小数可被看成是一个循环小数，其中的数字零在最后一位非零数位之后无限循环，例如 0.5 = 0.500 0…。——原注

[2] 源于这样一个事实：循环小数实际上是一个无穷几何级数，正如我们在第 5 章看到的那样，这种级数如果收敛，其和是有理数 $a/(1-q)$。例如，小数 0.$\overset{..}{12}$ 表示一个 $a=0.12$，$q=0.01$ 的几何级数（因为该小数可写为 0.12+0.0012+…），所以它的和为 0.12/(1-0.01) = 0.12/0.99 = 12/99 = 4/33。——原注

π, φ 和 e——三个著名的无理数

有一个很有名的公式,可能是所有公式中最简洁、最著名的一个,这就是由欧拉根据棣莫弗(de Moivre)的一个发现而提出的公式:$e^{i\pi}+1=0$。……它对神秘主义者、科学家、哲学家、数学家有同样大的吸引力。

——卡斯纳(Edward Kasner)及纽曼(James Newman)

我相信,造物主在从相似物体连续生成相似物体时,这个几何比例是作为他的一个观念而存在的。

——开普勒(Johannes Kepler)

无理数是指不能写成两个整数之比的数。最早知道的无理数是 2 的平方根($\sqrt{2}$)。π,即圆的周长与其直径之比,很早就为巴比伦人和埃及人所知,后来阿基米德发现它的值在 $3\frac{10}{71}$ 和 $3\frac{1}{7}$ 之间。但是,直到 1761 年,瑞士数学家兰伯特(Johann Heinrich Lambert)才确立了 π 是无理数这一事实。

如果我们把一条线段 AB 分成两个部分,使整条线段与较长部分之比等于较长部分与较短部分之比(图 8.3 中 $AB/AC=AC/CB$),则分割点 C 被说成以"黄金比例"划分了 AB。这个比例的数值用希腊字母 φ(phi)表示。如果我们令 AB 是单位长度(AB=1),并且用 x 表示 AC 的长度,那

图 8.3 黄金分割:C 分割线段 AB,整个线段与较长部分之比等于较长部分与较短部分之比。

么 φ=1/x=x/(1-x)。这就产生了一个二次方程 $x^2+x-1=0$，它的正数解是 $x=(-1+\sqrt{5})/2$，或约等于 0.618 03。所以，φ=1/x=0.618 03…，与 $\sqrt{2}$ 一样，φ 也是一个无理数，其十进制展开永不结束，永不重复。

古希腊人已知道黄金分割比例。黄金分割比例在希腊的建筑物中起着非常重要的作用。很多艺术家相信，在所有的矩形中，长宽之比为 φ 的矩形比例"最令人满意"，所以这个数在各种美学理论中起着突出作用。令人惊奇的是，一些植物的叶片排列也显示出黄金分割比例。它有很多有趣的数学特性，例如，1 除以 φ 等于 φ 减去 1（即 1/φ=φ-1），这是由上述定义方程得出的结果。如果画一个"黄金矩形"（也就是说长宽之比等于 φ 的矩形），那么我们可以画出长等于原矩形宽的第二个矩形。这一过程可以无限重复，从而得到一个黄金矩形无穷序列（图 8.4），这些矩形的大小逐渐缩减至零。

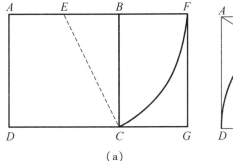 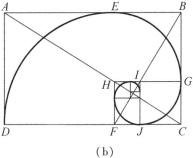

（a）　　　　　　　　　（b）

图 8.4　φ 的几何作图：(a) 从一个单位边长的正方形开始，找到边 AB 的中点 E，然后以 E 为圆心，以 EC 为半径画圆弧。直到它与 AB 的延长线相交于点 F。矩形 $AFGD$ 的长宽之比为 $(-1+\sqrt{5})/2$ 或 φ。(b) 无限地重复这一过程，我们便可得到一系列面积不断减小的"黄金矩形"，直到它们收敛于一个点为止。这些矩形的点 D、E、G、J 在一条对数螺线之上，我们在第 11 章将讨论这种曲线。经允许，图片来自 H. E. Huntley 的 *The Divine Proportion* 一书，纽约 Dover Publications，1970 年版。

数 e 是三个著名无理数中唯一一个古人未知的无理数。由于它被用作自然对数的底，它在微积分学中起着关键作用。它是当 n 趋近无穷大时表达式$(1+1/n)^n$的极限,它的值(到小数点后第五位)为 2.718 28;正像所有的无理数一样,它有一个不可穷尽的、非循环的十进制展开式,所以永远无法"精确地"写出。数 e 在金融界有一个非常有趣而且十分出乎意料的应用:如果我们在一个假想储蓄账户里存入 1 美元,而且该账户以100%的连续复利计(也就是说在每一时刻而不是一年或一季度计算利息),那么我们预期钱的数额增长将超过所有界限。意想不到的是,情况并非如此:一年之后,总数将等于 e,也就是说等于约 2.72 美元。

　　尽管$\sqrt{2}$, ϕ, π 和 e 都是无理数,但它们属于本质上不同的两类数:$\sqrt{2}$和 ϕ 是代数数,也就是说,它们是具有整系数的多项式方程的解。($\sqrt{2}$是方程 $x^2-2=0$ 的解,ϕ 是方程 $x^2-x-1=0$ 的解。)这种方程的解之外的数被称为超越数,π 和 e 属于超越数。e 的超越性很容易证明——法国数学家埃尔米特(Charles Hermite)于 1873 年首次给出了这种证明。π 的超越性的证明要难得多,最终由德国的林德曼(Ferdinand Lindermann)于 1882 年证明。该证明一劳永逸地解决了"化圆为方"(即只使用直尺和圆规,作出一个其面积等于一个给定圆面积的正方形)这一古老问题。π 的超越性意味着这种作图无法完成,因此这是以一种否定方式"解决了"这一问题。后来,康托尔在 1874 年证明,尽管有无穷多个代数数和无穷多个超越数,但是,超越数实际上要远远多于代数数,首次表明存在不同类型的无穷大。

　　瑞士数学家欧拉在 1748 年发现了数学领域最优美的结果之一。他发现 0, 1, π, e 和 i(i 是"虚数单位",即−1 的平方根)由公式

$$e^{\pi i}+1=0$$

全部联系在一起,这就是著名的欧拉公式。很多人认为它具有不亚于神的力量,因为它在一个简单的方程中,把算术基本常数(0 和 1)、几何基本常数(π)、分析常数(e)以及复数常数(i)联系在一起。

　　π, ϕ 和 e 这三个数出现在很多无穷级数和无穷乘积中,表 8.1 给出了这些无穷级数和无穷乘积中的一部分。

表 8.1 　一些无穷级数与无穷乘积

$$\phi = \sqrt{1+\sqrt{1+\sqrt{1+\sqrt{1+\cdots}}}}$$

无穷根

（发现人不详）

$$\phi = 1 + \cfrac{1}{1+\cfrac{1}{1+\cfrac{1}{1+\cfrac{1}{1+\cfrac{1}{1+\cdots}}}}}$$

连分数

（发现人不详）

$$\frac{4}{\pi} = 1 + \cfrac{1^2}{2+\cfrac{3^2}{2+\cfrac{5^2}{2+\cdots}}}$$

连分数

（布龙克尔，1655）

$$\frac{2}{\pi} = \frac{\sqrt{2}}{2} \times \frac{\sqrt{2+\sqrt{2}}}{2} \times$$

$$\frac{\sqrt{2+\sqrt{2+\sqrt{2}}}}{2} \times \cdots$$

无穷乘积

（维埃特，1593）

$$\frac{\pi}{2} = \frac{2\times2\times4\times4\times6\times6\times\cdots}{1\times3\times3\times5\times5\times7\times\cdots}$$

无穷乘积

（沃利斯，1650）

$$\frac{\pi}{4} = \frac{1}{1} - \frac{1}{3} + \frac{1}{5} - \frac{1}{7} + \cdots$$

无穷级数

（格雷戈里，1671）

$$\frac{\pi^2}{2} = \frac{1}{1^2} + \frac{1}{2^2} + \frac{1}{3^2} + \frac{1}{4^2} + \cdots$$

无穷级数

（欧拉，1736）

$$e = 1 + \frac{1}{1} + \frac{1}{1\times2} + \frac{1}{1\times2\times3} + \frac{1}{1\times2\times3\times4} + \cdots$$

无穷级数

（欧拉，1748）

第9章 康托尔对无穷大的新见解

> 我看见了它,但是我不相信它!
>
> ——摘自康托尔 1877 年给戴德金的信

  康托尔 1845 年 3 月 3 日生于圣彼得堡。他的父母是丹麦移民;他的父亲皈依新教,而他的母亲从出生起就是一个天主教徒,但是,有证据表明他父母都有犹太人血统。可能正是这种多重文化背景,使康托尔早年对中世纪的神学争论,尤其是与连续性和无穷大有关的争论,产生了浓厚兴趣。他们全家后来从圣彼得堡移居德国。1874 年,他在德国的哈雷大学发表了有关无穷大概念的首篇重要文章。这只是他在 1874 到 1884 年间发表的一系列文章中的第一篇,然而,这篇文章却立刻动摇了到当时为止无穷大概念赖以存在的整个基础。

  直到康托尔的时代,无穷大一直被认为是数值意义上的,一种比所有数都大的数。当然,因为每个数的后面都可以跟一个更大的数,所以绝对不存在最大的数。不过,无穷大的本质在于它与非常大或非常小的联系。

  此外,自从亚里士多德时代以来,数学家们已经认真地区分了**潜无穷**和**实无穷**(或"完全"无穷)。前者涉及一个可被不断重复的过程,但是,它在任何给定的阶段只能包含有限次数的重复。自然数 1,2,3,…的集合是潜无穷,因为每一个自然数都有一个后继者,然而,在计数过程的每一个阶段——无论这个阶段进展到何等程度,我们遇见的元素的数目仍然是有限的。另一方面,实无穷涉及的过程在每个阶段上已经得到了无穷多次重复。整数集在按照其"自然"顺序

$$\cdots,-3,-2,-1,0,1,2,3,\cdots$$

排列时,就包含一个实无穷集,因为在每一个阶段都已经有无穷多个整数出现。数学家们当时愿意接受前一种无穷大,然而,他们却无条件地排斥后者。亚里士多德本人在他的《物理学》(*Physics*)一书中就说:"无穷大是一个潜在的存在······实无穷不存在。"而且,在大约两千年之后,高斯在1831年给他的朋友舒马赫(Schumacher)的信中表达了相同的观点:

> 我必须最强烈地反对你使用无穷大作为某种完美的东西,因为这在数学上是绝不允许的。无穷大只不过是一种说话的方式,意味着一种极限,当允许某些比例无限增长时,一些特定比例可以任意地逼近该极限。

换句话说,极限概念自身也被认为是一种潜无穷过程。高斯的评论是对那些偶尔违反规则的人的指责,这种人在使用无穷大概念(甚至是无穷大符号)时,以为无穷大和寻常数一样,也受相同算术规则的约束①。

康托尔消解了这些根深蒂固的观点。首先他把实无穷作为一个完全有资格的数学事物接受下来,并且坚持认为一个集合(尤其是一个无穷集)必须被看作是一个**总体**,就像我们的大脑把一个物体看作是一个整体一样。这就相当于去除了潜无穷和实无穷之间的区别。事实上,排列整数时如果不是按照其自然顺序,而是按照 $0,1,-1,2,-2,3,-3,\cdots$,我们马上可以看出这种区别变得毫无意义②。而且,康托尔还指出,否认实无穷就意味着否认无理数的存在,因为无理数有无穷的十进制展开式,而任何有尽小数都只不过是一种有理逼近。

然后,康托尔又指出,不是只存在一种无穷大,而是有很多种**类型**的

---

① 甚至伟大的数学家也免不了会犯这种错误。例如,欧拉就毫不犹豫地说 1/0 是无穷大的,并且 2/0 是 1/0 的两倍。——原注

② 根据集合的定义,我们放到一个集合中的各个元素的顺序是无关紧要的,所以包括字母 a,b,c 的集合与包括 b,a,c 的集合是一样的。——原注

无穷大;这些类型在本质上互不相同,但可以像寻常数一样可进行相互比较。这种观点与当时流行的观点正好相反。换句话说,存在一种完整的**无穷大谱系**,而且,在这个谱系中,人们可以说出一些比其他无穷大更大的无穷大。

不用说,在 19 世纪表达这种古怪的观点,不亚于一种反叛行为,因为这些观点与当时最伟大数学家的信条正好相反。康托尔自己也承认这一点,他在 1883 年这样说:"我把自己置于与某种广为流传的数学无穷大观点和经常得到捍卫的有关数的实质的意见正好对立的位置上。"这是他对他的观点受到数学界强烈批评所表达的谦卑解释。然而,将要来临的风暴从其猛烈程度上是空前的,最终使康托尔的晚年充满灾难。

康托尔的论断以两个著名的简单概念为基础:集合的概念和一一对应的概念。简单地讲,**集合**就是一组对象,例如,一个孩子的玩具、英语字母表的字母,或者计数数 $1, 2, 3, \cdots$。一一对应是一个**无穷**集的例子,这种集合有无穷多个元素。现在拿出两个不同的集合,例如,由 a, b, c 组成的集合以及由 $1, 2, 3$ 组成的集合。我们可在两个集合的元素之间建立一种**一一对应**(简称 1:1 对应),例如,我们可以把字母 a 与数字 1,b 与 2,c 与 3 配对;或者我们可以把 a 与 2,b 与 3,c 与 1 配对。我们把这两个集合中的元素配对的实际方法并不重要——只要我们使这些元素一一配对并且不漏掉两个集合中的任何一个元素就行。现在你可能会说,这种情况只有在两个集合有相同数目元素时才有可能出现,对有限集来说的确如此。如果两个**有限集**的元素数目一样,总能够在它们之间建立一种 1:1 对应。而且反过来说也正确:如果我们能够在两个有限集之间建立一个 1:1 对应,我们可以绝对肯定地给出结论,两个有限集的元素数目相同。

但是,无穷集会怎么样呢?比如说,可不可以将由所有计数数组成的集合与由所有偶数组成的集合以 1:1 配对呢?乍一想这似乎是不可能的,因为计数数的数量似乎是偶数的二倍。然而,如果我们按照其大小把所有的偶数都排成一行,这种排列本身就已表明这种配对是可能的:

因此,我们的直觉是错误的!这种情况下,一个明显悖论是:一个无穷集可以与其自身的子集进行对应元素的配对。这在康托尔时代已不是什么新东西,伽利略在他的《两门新科学的对话》(*Dialogues on Two New Sciences*)中已经认识到把计数数的平方(即数 1,4,9,16,25,⋯)与计数数配对的可能性——尽管好像计数数比平方数多得多①。然而,伽利略只是承认了这种情况的荒谬,他却没有试图解开其中的奥秘。康托尔转变了这种情况,他简明扼要地宣称:当两个集合(无论有限还是无限)能够1:1对应相匹配时,它们的元素数目相同。所以他得到的结论是:偶数与计数数一样多,平方数与计数数一样多,而且整数(正的和负的)与计数数一样多。如果我们按照 0,1,−1,2,−2,3,−3,⋯的方案排列整数,那么,便可很容易地看到最后一个事实。同样,我们能够这样做这一事实就意味着整数能够与计数数一一对应:

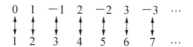

　　康托尔把任何能够与计数数集合 1:1 配对的集合称为**可数集**(countable 或 denumerable set)。这样一来,偶数、奇数、整数、平方,还有素数都是可数的。

　　如此看来,无穷集好像违背了我们根深蒂固的一个经验,即"整体大于部分"②。但是,我们的经验必定局限于有限世界;它们无法超越到无穷大。康托尔问道:为什么无穷集合要遵守与有限集合相同的规则呢?毕竟我们曾遇到过适用于有限计算的普通算术规则失效的情况——无穷级数。所以,我们没有理由再**事先**假设无穷集合具有与有限集合相同的

---

① 　这个悖论以及其他涉及无穷大的悖论是捷克神学家、哲学家和数学家波尔查诺(Bernard Bolzano)的一部著作的主题。这本小书名为《无穷大的悖论》(*Paradoxes of the Infinite*),出版于 1851 年,是作者的遗著(其手稿在作者去世前 18 天才完成)。波尔查诺关于无穷集的观点与康托尔的观点已非常接近,不幸的是,这本书直到作者逝世很多年以后才受到人们的重视。——原注

② 　这句话是欧几里得《几何原本》中十条公设中的最后一条。我们将在第 16 章进一步谈论这些公设。——原注

特性。正如我们所见，早在康托尔之前，就已有人注意到了无穷集合可能不大于其自身的子集这一事实，并且认为这个事实是一个无法解释的悖论。康托尔的洞见是，他意识到，这个事实代表了任何无穷集合最基本的特性：它能够与其自身的真子集进行一对一的匹配①。事实上，康托尔正是使用这个事实本身作为无穷集的定义——这是首次以一种清晰而精确的方式定义这个概念，而且，其中没有任何神秘主义或含糊不清之处。

现在，让我们用一点时间回过头考虑我们刚才提到的集合——计数数、偶数、整数、平方数以及素数。你可能会问：难道这些集合的可数性不是由其成员之间存在的很大的间隔引起的吗？每个计数数之间的间隔是一个单位（整数之间也一样），偶数之间的间隔是两个单位，平方数之间的间隔不断增大（这些间隔按奇数序列增长），而素数之间的间隔具有不规则性。所以，我们可以得出如下结论：把这些集合与计数数相配对，就是一个按照某种规则重新组织其元素的过程。任何具有这类间隔的无穷集合都可以与计数数 1:1 匹配，因而是可数的。反过来似乎可以这样说：为了使一个集合可数，其成员之间必须有这种间隔。

其实并非如此！这两个结论中的第一个是正确的，而第二个则不然。康托尔证明甚至那些"稠密"的集合也可能是可数的——尽管其成员之间不存在这种间隔。我们已经碰到过这种集合——有理数。康托尔在 1874 年得到了一个历史性发现：尽管有理数具有稠密性，但是它们是可数的。在研究无穷大问题时，直觉好像是一个十分拙劣的向导！

为了说明这个问题，康托尔指出，我们必须首先放弃根据数的大小排列任何数集的自然倾向。实话实说，我们在说明整数是可数的时候，已经放弃过这种倾向。但由于有理数的稠密性——在任何两个有理数之间（无论它们多么接近），总可以找到第三个有理数——我们的任务就更难了。有理数的稠密性可能会使人认为，**无论按照什么策略来枚举它们都**

---

① 一个子集是从初始集中取出的任何一组对象，它被看作是一个新的集合。例如，集合 $\{a,b\}$ 是集合 $\{a,b,c\}$ 的子集，集合 $\{a,c\}$、$\{b,c\}$、$\{a\}$、$\{b\}$、$\{c\}$、$\{a,b,c\}$ 和 $\{\ \}$ 也是 $\{a,b,c\}$ 的子集。上述最后一个集是空集。真子集是除初始集之外的任何子集；上述子集除 $\{a,b,c\}$ 之外均是初始集的真子集。——原注

是注定要失败的。然而,康托尔却证明有一种方法可以做到——一个一个地列出所有的有理数,连一个也不漏下。康托尔的方法是把有理数排列成一个**无穷阵列**:

$$1/1 \quad 2/1 \quad 3/1 \quad 4/1 \quad 5/1 \quad \cdots$$
$$1/2 \quad 2/2 \quad 3/2 \quad 4/2 \quad 5/2 \quad \cdots$$
$$1/3 \quad 2/3 \quad 3/3 \quad 4/3 \quad 5/3 \quad \cdots$$
$$1/4 \quad 2/4 \quad 3/4 \quad 4/4 \quad 5/4 \quad \cdots$$
$$1/5 \quad 2/5 \quad 3/5 \quad 4/5 \quad 5/5 \quad \cdots$$
$$\cdots\cdots\cdots$$

该阵列第一行包括所有分母是 1 的分数,也就是说所有的自然数;第二行包括所有分母为 2 的分数,以此类推。(在每一行之内,确实是按照分数的大小对其进行排列的。)然后,康托尔沿该阵列遍历出一条路径:

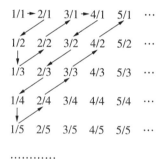

如果我们沿这条路径一直走下去——向右走一步,然后沿对角线向左下一步,再向下一步,接着沿对角线斜向右上一步,接着再向右一步,这样**一直继续下去**,那么我们将一个一个地遍历所有正分数。在这条路径上我们将会遇到以前有着不同"名称"的分数,例如 2/2,3/3,4/4 等等,所有这些分数都等于 1;我们只是越过这些分数,像之前一样继续走。从本质上讲,我们能够把所有的正分数一个接一个地排成一列。换句话说,我们能够数出这些分数的数目——它们是可数的!有理数是可数的这一发现与我们的直觉相悖,给康托尔留下的印象如此之深,以至于他大声呼喊:"我看见了它,但是我不相信它!"

这样看来,尽管分数集总体很稠密,然而它的元素与有很大间隔的计数数集的元素一样多。此时,康托尔决定给所有的可数集一种标记:他把它们称为具有基数$\aleph_0$的集合($\aleph$是希伯来字母表的第一个字母,发音为"aleph")①。基数为$\aleph_0$的所有集合所具有的成员数目正好等于计数数集合的成员数目,因而是可数的。

这里,我们可能会开始推测(康托尔本人以前也曾这样做过)可能所有的无穷集都是可数的。然而康托尔却说明,有一些集合非常稠密以至于无法数出成员数目。这种集合中的一个是一条无穷直线(实数直线)上的点的集合。这些点又对应于我们的实数系统,即以不同形式出现的所有小数的集合。这两个集形成了一个**连续统**。这两个集合是不可数的,它们包含的元素比一个可数集包含的元素要多——而且多得多,它们的无穷性体现为比$\aleph_0$更高的基数,康托尔称这种无穷大为C,即,连续统的无穷大。

---

① 康托尔原来使用德语词 Mächtigkeit,译成英语为"power",后为"cardinal number"所代替。——原注

第 10 章　超越无穷大

一个伟大的民族,因为众多而数不过来,更无法计算。

——《圣经·列王纪上》

为了表明实数是无法计数的,康托尔首先证实了一个事实,这个事实如果说有什么特殊之处,只不过是它听起来几乎难以置信:一条无限长的直线上的点的数量与该直线上一段有限线段上的点的数量一样多。其证明(如图 10.1 所示)是那样简单,以至于人们会感到纳闷:为什么在康托尔之前无人发现这个事实。这说明我们把一条直线看作是由很多墨水点组成的这个观念,在本质上是错误的:物理上的点与数学上的点毫无相同之处!

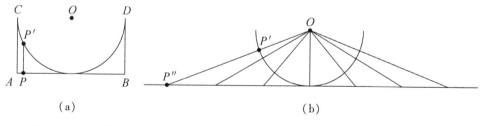

（a）　　　　　　　　　　　　　　　　（b）

图 10.1　(a) 线段 AB 的点与半圆 CD 的点一一对应,证明这条线段与这个半圆有一样多的点。

(b) 这个半圆的点现在与整条直线的点一一对应起来。因此,一条有限的线段与一条无限的直线有正好相同数目的点!

在表明了这一点之后,尚需康托尔去做的,便是证明一条有限线段上的点是数不过来的。他在他著名的"对角线"论证中证明了这一点。他选择了实数直线上从 0 到 1 的区间作为他的有限线段。这条线段上的每个点都对应于一个真分数,即 0 和 1 之间的一个小数。为了避免出现可能的含糊不清现象,我们可以把所有这些小数都看成是无穷的,所以 0.5 这样的分数可被等价分数 0.4999… 所代替。康托尔假设这个小数集**能**被数得过来;这就意味着我们能够一个不漏地逐个列出 0 和 1 之间的所有小数。让我们以符号形式,即使用字母而不是实际数字,列出这个表:第一个小数是 $0.a_1a_2a_3\cdots$,第二个小数 $0.b_1b_2b_3\cdots$,以此类推,直到我们列出 0 和 1 之间的**所有**小数为止①。这样一来,我们的表就是:

$$r_1 = 0.a_1a_2a_3\cdots$$

$$r_2 = 0.b_1b_2b_3\cdots$$

$$r_3 = 0.c_1c_2c_3\cdots$$

$$\cdots\cdots\cdots\cdots$$

于是,根据我们的假设,这个列表包括了 0 和 1 之间的**所有**实数。但是康托尔却"建立了"一个不在此列表之中的位于 0 和 1 之间的实数。他通过下列途径达到了目的:选择任何一个不同于 a_1 的新的数作为第一位数,任何一个不同于 b_2 的新的数作为第二位数,任何一个不同于 c_3 的新的数作为第三位数,以此类推,**永无止境**。(举例来说:如果表中的前三个数是 $0.274\cdots$,$0.851\cdots$ 和 $0.308\cdots$,那么我们选择除 2 之外的任何一个数作为小数点后首位数,除 5 之外的任何一个数作为第二位数,除 8 之外的任何一个数作为第三位数,等等。)所以这个新的数的形式为:

$$r = 0.x_1x_2x_3\cdots$$

其中 $x_i \neq a_1$,$x_2 \neq b_2$,$x_3 \neq c_3$,以此类推。("对角线"的名称正是来源

---

① 我们使用英语字母表的字母,这并不意味着在第 26 个数之后我们的列表就结束。事实上,我们可以使用更一般的记号(例如双角标)表示数字:$0.a_{11}a_{12}a_{13}\cdots$ 表示第一个小数,$0.a_{21}a_{22}a_{23}\cdots$ 表示第二个小数,以此类推。然而为了简单起见,我们将使用单下标记法。——原注

于这个模式。)很显然,这个新的数是 0 和 1 之间的一个实数。然而,从它的构造方法本身看,它不同于原有列表中的任何一个数,这就产生了一个矛盾,因为我们曾经假设我们的列表中包括 0 和 1 之间的**所有**实数。所以,这个区间(乃至于整条实数直线)中的所有实数都是可数的这一假设,被证明是错误的。因此,实数形成了一个不可数集,即一个数字连续统,康托尔使用字母 C 表示它的基数①。

这样,康托尔实际上就建立了一种无穷大**谱系**,其中具有基数 C 的所有集合的地位均高于作为可数集的,具有基数 $\aleph_0$ 的集合。不存在基数小于 $\aleph_0$ 的无限集;即使我们通过从计数数集中消除例如偶数的方法,来"弄空"计数数集,我们仍然得到一个具有基数 $\aleph_0$ 的集合(即奇数集)。如果我们从计数数中消除所有的奇数(剩下偶数),消除所有的合数(只剩下素数),等等,上述情况也是成立的;剩下的集合仍然与原来的集合有一样多的元素!

另一方面,康托尔找到了基数甚至比 C 还大的集合。他通过证明一个给定集的**所有子集的集合**总是比原来集合具有更多元素而做到了这一点。对一个有限集来说,这一点非常明显。例如,集 $\{a,b,c\}$ 的子集有 $\{a\}$,$\{b\}$,$\{c\}$,$\{a,b\}$,$\{a,c\}$ 和 $\{b,c\}$,我们还必须加上所谓的"空集" $\{\}$ 和该集合 $\{a,b,c\}$ 自身。所以,从由三个元素组成的初始集中,我们导出了一个由 8 个($=2^3$)元素组成的新集合。这一结果可被推广到任何一个有限集:如果某个集合有 n 个元素,那么它的所有子集(包括空集和初始集自身)的集合有 2^n 个元素,2^n 总是大于 n。然后,康托尔把这些结果推广到了无限集:他引入了一个大胆而具有革命性的观念——通过考虑初始集的所有可能子集,可以由任何**无限**集建立一个实际上比初始集有更多元素的新集合。这真是一个令人难以置信的观点,我们怎么能够想象一种比直线上所有点的集合(即连续统)数量还要多的东西呢?我们必

① 因为实数包括有理数和无理数,其中前者可数;实数的不可数性意味着无理数也是不可数的。这就意味着,由于一些点对应于无理数这一事实,在实数直线上所留下的"空洞"实际上比有理数的"非空洞"要多得多!这就是涉及无穷大的另一个悖论,而且我们有限的直觉难以接受这个悖论。——原注

须认识到(而且康托尔也指出):我们在这里研究的主要是一个思想过程,借助我们心智的能力**设想**这种集合;这种集合是否(在物理意义上)实际存在,与我们的问题毫不相干①。

现在,康托尔用一个不可避免的结论使他的努力达到圆满:如果我们能够从任何一个给定集(有限的或无限的)建立一个比初始集有更多元素的新集合(对有限集来说,"更多"是从这个词的一般意义上讲的;而对于无限集来说,"更多"是从基数的意义上讲的),那么,这个过程可以重复下去;也就是说,我们可以从这个新集合中建立一个有更多元素的集合,以此类推,**直至无穷!**② 事实上,我们已经生成了**无限集的无穷谱系**;其中,每个(子集的)新集合比推导出它的那个集的基数更大。康托尔使用 $2^{\aleph_0}, 2^{2^{\aleph_0}}, \cdots$ 表示这些不断增加的基数——类似于有限集的情况;在有限集中,基数遵循序列 $2^n, 2^{2^n}, \cdots$。在这个谱系中,基数相同的所有集合可在 1:1 的基础上相互配对,而不同基数的集则不能如此配对。

基数 $\aleph_0, 2^{\aleph_0}, 2^{2^{\aleph_0}}, \cdots$ 开始被称为**超限基数**③。超限基数把有限集的数值谱系 $n < 2^n < 2^{2^n} < \cdots$ 推广到无限集,因此,我们可写出 $\aleph_0 < 2^{\aleph_0} < 2^{2^{\aleph_0}} < \cdots$。康托尔又把这种类比向前扩展一步,他创立了**超限基数的算法**。相对于我们的"常识",如我们习惯的有限数的标准算法而言,这种算法显得非常奇特。在超限算法中,我们发现很多奇怪的规则,例如 $1 + \aleph_0 = \aleph_0$(这可用来解释序言中的希尔伯特旅馆悖论),$\aleph_0 + \aleph_0 = \aleph_0$(这仅仅说明,如果

---

① 人们可能会认为二维平面比一维直线拥有更多的点,但是,在这里我们的直觉再一次出现了问题:康托尔证明平面上的点与直线上的点一样多,三维空间也相同。而且,事实上任何一个有可数维数的"多维空间"的情况也一样。所以说,维数与一个空间所含点的数量没有任何关系。——原注

② 甚至对于有限集来说,这个过程中元素数的增长速度也是十分迅捷的。如果我们从一个 3 个元素的集合开始,其子集的集合将有 $2^3 = 8$ 个元素,这个集合子集的集合有 $2^8 = 256$ 个元素,下一个集合将有 2^{256} 个元素(约等于 10^{77},是一个巨大的数),以此类推,整个宇宙所具有的星体据估计也只有 10^{22} 颗。从这一事实,我们可以理解上述最后一个数字何等巨大。——原注

③ 在集合论中,一般的计数数被称为有限基数。——原注

我们把两个可数集结合起来,那么合并起来的集合仍将可数), $\aleph_0 \cdot \aleph_0 = \aleph_0$(它说明,可数集的可数无穷多的并集仍然可数)[1],还有其他类似的奇怪公式。

由于有了这些发展,旨在澄清无穷大概念并且揭开其神秘面纱的长期而艰苦的努力,似乎最终取得了圆满结果。罗素(Bertrand Russell)在1910年写道:"以前围绕数学无穷大的困难问题的解决,可能是我们这个时代引以为豪的最伟大成就。"我们这个时代最伟大的数学家希尔伯特在评论康托尔的贡献时这样说道:"任何人都无法把我们从康托尔为我们创建的乐园中赶走。"然而,康托尔的个人生活很快就发生了悲剧性逆转。在他生命的后期,他受尽了抑郁症的折磨,这日益干扰了他的创造性工作。这种状况至少部分是由他的众多同事对其观点的严厉批判引起的。他以前的老师克罗内克对他的攻击尤其严重。克罗内克本人是一位著名的数学家,但是他极端保守,他不仅排斥实无穷,而且不允许不是直接以自然数为基础的任何东西进入数学领域[2]。然而,人们怀疑克罗内克对康托尔的猛烈攻击不是纯学术上的;这些攻击有嫉妒他以前学生的倾向,因为他的学生名望突然间超过了他本人。康托尔于1918年在精神病院去世。

希尔伯特说到的乐园也没有持续太长时间。新世纪伊始,在巴黎举行了第二届国际数学家大会,希尔伯特在会前进行了一场历史意义的演讲,向数学界提出了23个尚未解决的问题,他认为解决这些问题对数学的未来具有极其重大的意义。希尔伯特问题中的第一个,便是康托尔本人在1884年曾经提出过的。我们已经知道,康托尔创立了一种由超限基数 $\aleph_0, 2^{\aleph_0}, 2^{2^{\aleph_0}}, \cdots$ 表示的无穷大的谱系。但他还表明,实数有一个比 $\aleph_0$ 更大的超限基数 C,而且事实上他能证明 $2^{\aleph_0}$ **等于** C,也就是说,自然数的所有子集组成的集合所具有的元素数正好等于所有实数的集合的元素

---

[1] 我们在说明有理数是可数的时,已巧妙地接受了这个规则。——原注

[2] 正是克罗内克杜撰了名言:"上帝创造了整数,其余都是人的工作。"他对实无穷毫不妥协地反对,甚至把无理数从数学中排除出去,这实际上又把数学带回到了毕达哥拉斯时代所处的水平。——原注

数。那么，康托尔面临的问题便是：我们能够找到一个基数在 $\aleph_0$ 和 C 之间的集合吗？康托尔猜想其答案为"不能"，但是他却不能证明他的猜想。

与有限集进行类比在这里是恰当的。从一个由两个元素（$n=2$）构成的集合出发，通过反复地建立子集的集合，我们得到了基数 $2^2=4, 2^4=16$，$2^{16}=65\,536, \cdots$ 的序列。但是，在这个过程中我们永远也得不到一个比如说由三个元素组成的集合（即使我们从 n 的任何其他值开始，这样说也是对的）。这样一来，子集的集合代表的只不过是所有可能的有限集中很小的一部分。康托尔在刚开始时假设无穷集合也有类似的情况，也就是说，存在一些例如由 $\aleph_0$ 和 $2^{\aleph_0}$ 之间的基数组成的集合（正像 $2<3<2^2$ 一样）。但是，当他试图"找到"这种集合的所有努力都失败的时候，他开始认为这种集合是不存在的；更具体地说，其基数大于 $\aleph_0$ 而小于 $2^{\aleph_0}$（因而小于 C）的集合是不存在的。康托尔的猜想被称为**连续统假设**①。希尔伯特在 1900 年发表的历史性演讲中向数学家提出挑战，要么证明连续统假设，或者是借助反例（即构建一个其基数在 $\aleph_0$ 和 C 之间的集合）来否证它。

证明或否证连续统假设的问题，在接下来的 60 年里笼罩着数学界。当这个问题在 1963 年得到最终解决的时候，其答案多少令人吃惊：这个假设既对又错——这要看人们从什么样的假设开始！这种惊人的发现给数学带来了冲击波，我们在今天仍然能够感觉到这种冲击波的影响②。人们已经证明连续统假设与集合论的公理无关；我们可以把它看作是一个附加公理，自由地接受或拒绝它。这个概念尽管令人吃惊，但在它之前并不是没有先例，因为一个类似的概念已在几百年之前就进入了数学的另一个分支，这个分支便是几何学，现在我们便开始讨论这个分支。

---

① 更一般地说，这个猜想指出在 $\aleph_0$ 和 $2^{\aleph_0}$ 之间，在 $2^{\aleph_0}$ 和 $2^{2^{\aleph_0}}$ 之间，……不存在超限基数。这就是广义连续统假设。——原注

② 我们将在附录中简要地讨论这些发展。——原注

第二篇 几何的无穷大

在无穷大那里,不能发生的事情都会发生。

——一个不知姓名的男生

咬自己尾巴的蛇象征着永恒。转载自 Bruno Murari 的 *Discovery of the Circle* 一书,Wittenborn and Company, New York, 1970。转载时经 Wittenborn Art Books,Inc. 允许。

没有开始或结束的乐谱,用于一个发音物体。转载自 Bruno Murari 的 *Discovery of the Circle* 一书,Wittenborn and Company. New York,1970,转载时经 Wittenborn Art Books,Inc. 允许。

第 11 章 一些函数及其图形

你的望远镜的焦距范围从 15 英尺到无穷远及其之外。

——摘自一家望远镜制造商的说明书

几何学是研究形式和形状的学科。我们最初接触几何学时,通常要涉及三角形、正方形和圆之类的图形,或者立方体、圆柱体和球体之类的立体。这些物体的长度、面积和体积大小都有限——像我们周围的绝大部分物体一样。乍一想,无穷大的概念似乎与普通几何学相去甚远。然而,事实并非如此,这一点从最简单的几何图形——直线中已经可以看出。一条直线在两个方向上无限延伸,而且我们可以把它看成是一种在一维世界中"远离现实"的手段。正如我们将要看到,这种简单的观念,在 19 世纪中期前后引发了数学思想上最为深刻的革命——非欧几何学的创立。

圆的简单性排在直线之后,尽管其大小是有限的,但是人们可围绕着它无休止地走下去,而且总是环绕相同的地方。正因为如此,我们把圆(及其三维对应物——球体)看作是有限但却无界的。自古以来,圆就是有规律重复出现、周期性以及永恒运动的象征——你只需想一想昼夜的每日循环、季节的年度循环或者生与死的永恒循环。能把直线的实际无穷性与圆的象征无穷性联系起来吗?当然能,正如我们将要看到的那样,

几何的无穷大 第二篇

71

有某种数学变换可把一种无穷性变换成另一种无穷性。

我们在初等代数中学过了函数及其图形。**函数**就是两个或多个变量之间的关系①。我们可以使用数学方程式表示这种关系，但是，使用笛卡儿(René Descartes)于 1637 年最先提出的想法通常会更方便：在坐标系中用图形方式画出函数。通常情况下坐标系包括两条互相垂直的线，或"坐标轴"，其上标有刻度。一个点 P 在平面中的坐标由它到这两个轴的距离 a 和 b 确定；我们说 P 的**坐标**是 a 和 b，写作 (a, b)（图 11.1）。如果 y 是 x 的一个函数，那么当我们令 x 变化时，点 P 将画出一条曲线，这就是这个函数的图形表示。例如，方程 $2x+3y=1$（或更一般地写为 $Ax+By=C$）由一条直线表示，$x^2+y^2=1$ 由单位圆表示，而 $2x^2+3y^2=1$（或者更一般地写为 $Ax^2+By^2=1$，其中 A 和 B 是正常数）由一个椭圆表示（见图 11.2–11.4）。

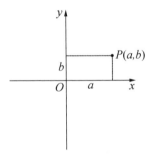

图 11.1　直角坐标。

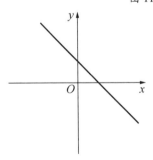

图 11.2　一条直线：$Ax+By=C$。

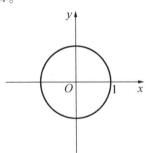

图 11.3　单位圆：$x^2+y^2=1$。

① 严格地讲，函数的定义要求：应该由一个变量的每个允许值正好导致另一个变量的一个值。——原注

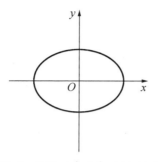

图 11.4　椭圆 $:Ax^2+By^2=1(A、B>0)$。

圆和椭圆都具有有限维度——它们占有坐标平面的有限区域。其他的曲线在一个或多个方向上向无穷大延伸；我们已经见到过直线，我们现在再增加上抛物线和双曲线（图 11.5 和 11.6）。这五种曲线构成了**圆锥曲线家族**，之所以这样称呼，是因为它们都是由一个平面以各种入射角切割一个圆锥而得到的（图 11.7）。希腊人已经知道所有五种圆锥曲线，而且所有这五种曲线注定要在几何学中起到重要作用，因为天体——不管是行星、彗星或是卫星——都一定沿着这些曲线运动。

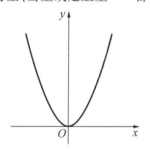

图 11.5　抛物线 $:y=ax^2(a>0)$。

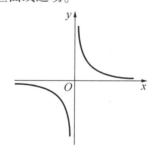

图 11.6　双曲线 $:y=a/x(a>0)$。

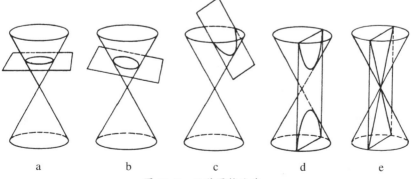

　　a　　　　　b　　　　　c　　　　　d　　　　　e

图 11.7　五种圆锥曲线。

对我们来说,抛物线尤其有趣。抛物线是到一条给定直线 d 和不在 d 上的点 F 距离相等的所有点的轨迹(图 11.8)。直线 d 是抛物线的**准线**,点 F 是其**焦点**。与所有的圆锥曲线一样,抛物线是一条对称曲线;它的对称线称为轴,是经过焦点且垂直于准线的直线。如果我们把抛物线看成是一个反射面,而且把光源正好放在其焦点上,那么从该光源发出的光线将被反射向同一个方向,也就是与轴平行。反过来说,从无穷远处平行于轴到达抛物线的光线,经反射后将聚集到焦点上(图 11.9)。

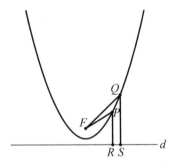

图 11.8　抛物线是与焦点 F 和准线 d 距离相等的所有点的轨迹。

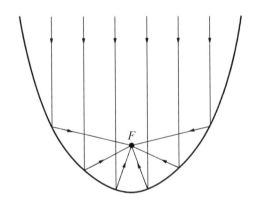

图 11.9　抛物线的反射特性:沿轴从无穷远来的光线聚焦到焦点 F 上。

抛物线的这种特性被应用于现代汽车,其前灯有一个抛物面,因此能十分有效地反射光。但是很显然,这种想法并不新鲜;传说十分熟知圆锥曲线的阿基米德在罗马人与迦太基的战争中,曾运用这一原理抵抗罗马入侵者,保卫叙拉古城。据说他建造了很多巨大的抛物面镜子,并且使镜子对准围困该城的罗马舰队,借助于聚集到每个抛物线焦点上的太阳光,使敌舰燃起了熊熊大火①。

　　抛物线像直线一样,是一条**连续**曲线:可以说,使用铅笔一笔便可画出一条抛物线。双曲线就不是这样,它包括两个离散分支。你可以沿着一个分支走向无穷大,沿另一个分支走向负无穷大。但是,你却不能从一个分支转换到另一分支:好像双曲线在无穷远处从视线中消逝,又在负无穷远处再次出现一样。这种异常特性在数学中很常见,然而,它肯定给许多非专业人士留下了深深的困惑,正像邱吉尔(Winston Churchill)在《我的早期生活》(*My Early Life*)中诙谐地指出的那样:

　　　　正像人们可以看到金星凌日那样,我看到一个量经过无穷大并且改变正负号。我准确看到了它是如何发生的,而且为什么这种自相矛盾是不可避免的……但这是在晚饭后,我就不管它了!

　　双曲线与一对"引路至无穷大"的直线相联系,这两条直线叫做**渐近线**,它们是双曲线在无穷远处的切线。曲线逐渐地接近渐近线,但是永远也接触不到渐近线。如此看来,渐近线就是第 3 章讨论的极限概念的图形等价物。

　　另一个有一条渐近线的函数是**指数函数** $y=a^x$,其中,常数 a 是任何大于 1 的数。这个函数表示了一个连续递增几何级数:如果"自变量"x以等量增加,那么"因变量"y 则以等比增加。该函数的图形刚开始适度增长,然后以一种不断增加的速度向无穷大增长。函数 $y=a^{-x}$ 以相同方式,表示了一个连续**递减**几何级数:其图形渐近地"衰变"为零。图 11.10 并排给出了这两个图形,它们彼此互为镜像。

　　笛卡儿的直角坐标系不是绘制函数图像唯一的方法。我们还可使用**极坐标**,其中的自变量是绕一固定点(称为**极点**)的旋转角 θ,而因变量则

------

① "焦点"(focus)一词在拉丁语中是"火炉"的意思。——原注

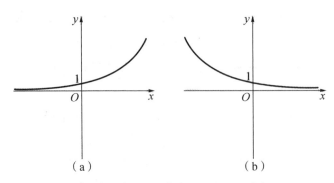

图 11.10 指数函数：(a) 递增，$y = a^x$；(b) 递减，$y = a^{-x}$。

是到该极点的距离 r（图 11.11）。在极坐标系中画一个函数，可能会使一个熟悉的图形变得难以辨认：一条直线变成一条线性螺线（图 11.12）①，双曲线变成了一条双曲螺线（图 11.13），而指数函数图像则变成一条**对数螺线**（图 11.14）。对数螺线的形状优美，因而赢得了很多学者的赞誉，这不仅因为它在自然界中频繁出现，而且，还因为它有着非同寻常的数学特性。我将在这里谈谈它的三个特性。第一，该螺线每旋转一圈，它到极点的距离都会以一个固定比例增加；这种比例因螺线的不同而不同，并且决定着螺线的增长率②。第二，每条经过极点的直线以相同的固定角度与螺线相交（图 11.15）③。这使对数螺线成了圆的近亲，其相交角度为90°。（事实上，圆是增长率等于零的特殊对数螺线。）第三，如果你沿着螺线向内朝着极点走，你必须转过无限多个弯——可是经过的总距离是有限的！这个令人注目的事实（如图 11.16 所示）是由伽利略的弟子托里拆利（Evangelista Torricelli）于 1645 年发现的；托里拆利在物理实验方面更为著名。然而，正是伯努利兄弟中最先获得数学成就的雅各布·伯努利对该曲线进行了系统性的研究，并且发现了其绝大多数特征。他把它

---

① 它还称为阿基米德螺线：它的形状像一根紧紧缠绕在柱子上的绳子。——原注

② 对数螺线于是就展开为一个几何级数，这是由上述指数函数 $r = a^\theta$ 的特性得出的。——原注

③ 正因为如此，对数螺线还称为等角螺线。所以螺线的任何部分在形状上都与其他任何有相同角宽的部分相似。可能正是这种特征，才导致自然界中频繁出现这种螺线——鹦鹉螺的壳、向日葵和螺旋星系只是其中三个例子。——原注

称为"spira mirabilis",并且要求在他的墓碑上刻上对数螺线,写上碑文 Eadem mutata resurgo(纵使改变,我仍依然。)(图 11.17)。这句话总结了这个螺线最显著的特征:它在大多数普通几何变换中的不变性。无论你伸长、缩小还是旋转它,最终总能得到同样的螺线!

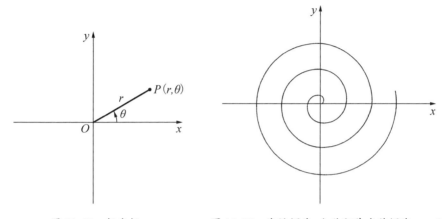

图 11.11 极坐标。　　　图 11.12 线性螺线,也称阿基米德螺线:$r=a\theta$。

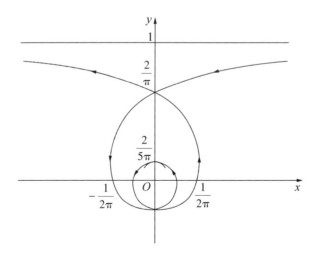

图 11.13 双曲螺线:$r=1/\theta$。

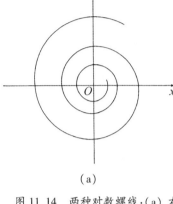 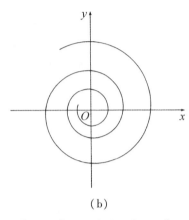

(a)　　　　　　　　　　　　　(b)

图 11.14　两种对数螺线：(a) 右旋螺线，$r=a^{-\theta}$；(b) 左旋螺线，$r=a^{\theta}$。

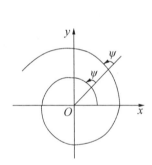 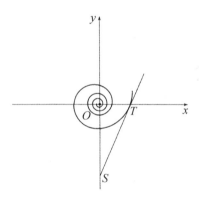

图 11.15　对数螺线的等角特性：所有从中心 O 发出的射线均以相同的角 ψ 与螺线相交。

图 11.16　求对数螺线的长：螺线从 T 到中心 O 的弧长等于从 T 到 S 的切线的长。

图 11.17　位于瑞士巴塞尔的雅各布·伯努利墓碑,他希望在他墓碑上刻上对数螺线的愿望得到了实现,但是雕刻人用错了螺线——一条阿基米德螺线而不是对数螺线! 图片使用得到了巴塞尔 Birkhäuser Verlag AG 的允许。

　　到 19 世纪末,连续性和无穷大的概念似乎已被最终完全理解。正是在这个时候,一些新发现使人们对这些观念产生了新的疑问。我们已经看到了由康托尔的无穷集合概念所引起的革命,新种类曲线的发现尽管不那么具有革命性,但其结果同样引人注目。因为这些曲线好像对我们的几何连续性直觉观念提出了挑战。数学家把这些曲线称为"病态的",因为它产生了一些最引人瞩目的几何无穷大悖论。这些曲线中的第一个是由意大利人皮亚诺(Giuseppe Peano)于1890年提出的:取一个正方形并且把它分成四个相等的小正方形,然后从左上角的正方形开始至左下角的正方形结束,依次把小正方形的中心用线段连接起来[图11.18(a)],下一步把每个小正方形分成四个相等的正方形(现在有 $4^2 = 16$ 个正方形);然后如图11.18(b)把其中心连接起来。这个过程可被无限地继续下去——至少从原则上讲是这样的。图11.18(d)给出了第六步之后的结果,此时的初始正方形已被分成 $4^6 = 4096$ 个小正方形。当我们以这种方式继续下去,这个曲线将逐渐占据越来越多的初始正方形,直到人们产生正方形的整个面积都被曲线均匀覆盖的错觉。当分割正方形的步数趋于无穷大时,这个过程的极限就被称为皮亚诺曲线或"填满空间的"曲线①。它那无尽的蜿蜒曲折带着它穿过正方形的每一点,而且其总长度是无穷大的。

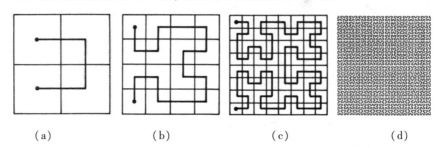

(a)   (b)   (c)   (d)

图11.18 皮亚诺曲线:单位正方形被分成(a) 4 个正方形;(b) $4^2 = 16$ 个正方形;(c) $4^3 = 64$ 个正方形;(d) $4^6 = 4096$ 个正方形,而连接起来的中点如图所示,在达到这个过程的极限时,我们得到一个填满空间的曲线,该曲线经过初始正方形的每一个点,其总长度无穷大。(d) 部分经允许选自 W. H. Freeman 的 *Mathematics in the Modern World:Reading from Scientific American*(1968 年版),该图形最先出自 Hans Habn 所写 *Geometry and Intuition* 一文,版权为 Scientific American, Inc. 所有。

---

① 通常以希尔伯特的名字命名,因为他在1891年对其进行了研究。——原注

另一个著名的病态曲线是"雪花"曲线或科赫曲线，后一种叫法是以它的发明者——瑞典人科赫(Helge von Koch)的名字命名的，科赫在1904年提出这种曲线。我们从一个单位边长的等边三角形开始，首先把每条边分成三等份，在中间段上画一个等边三角形，然后擦去每个中间段（图11.19）。结果得到一个像大卫王之星那样的图形，该图形边的周长是初始三角形周长的4/3。现在我们借助新图形十二条边中的每一条重复这一过程，便可得到一个周长是前一个图形周长4/3的48边图形，因此，其周长是初始三角形周长的$(4/3)^2 = 16/9$。如果我们无限地重复

图 11. 19　"雪花"或科赫曲线——前三步。

这一过程，便可得到一个如图11.20所示的奇怪皱纹曲线。像皮亚诺曲线一样，这个怪曲线所包括的全是直线段，所以该曲线在任何地方都不"平滑"——它在任何地方都没有一个确定的方向①。而且，不仅仅是它的总长度趋于无穷大（因为从事实得到的结论是，在每个阶段其长度均以4/3为因子增长），曲线上任何两点**之间**的距离也变成无穷大——不管这两点之间的距离看上去有多么接近。然而，该图形总是包含有限的面积。所以说，我们实际上得到一个被无穷大边界包围着的有限区域②。

———————

① 从数学角度讲，这就意味着该曲线任何地方都没有切线——它任何地方都不能求微分。——原注

② 出生于波兰的美国数学家芒德布罗(Benoit B. Mandelbrot)在《分形：形、机遇与维数》(*Fractals*：*Form*，*Chance and Dimension*)一书中提出了一个与病态曲线有关的有趣问题，他问道："大不列颠的海岸线有多长？"接着他解释说，一条真正凹凸不平的海岸线是如此不规则，以至于不可能使用任何常规方法估计其长度（即把它分成很多的直线段）。他总结道："最终的估计长度不仅非常大，而且实际上太大了，最好认为它是无穷大。"但是他还是提出了一种测量这种长度的方法，他引入了分形(fractal)——分数维度的概念。——原注

图 11.20　极限中的科赫曲线:不仅它的总长度是无穷大,而且曲线上任何两点之间的距离也是无穷大！经作者允许选自 Benoit B. Mandelbrot 的 *Fractals: Form, Chance, and Dimension* 一书,W. H. Freeman. San Francisco, 1977 年出版。(该图形还出现在同一作者的 *The Fractal Geometry of Nature* 一书中,W. H Freeman,1982 年版。)

　　这种奇怪几何创造物的发现,向 19 世纪末的数学家提出了一个真正的挑战,因为这种挑战打碎了他们的直觉观念:连续曲线总能借助铅笔的稳定移动画出来,不会突然中断。这再次提醒我们:在数学中——尤其是在研究无穷过程时,直觉是一个十分不可靠的向导。这种挑战迫使数学家为其职业制订新的、更高的严格标准,而且曲线概念的定义本身必须得到修改,以适应这些病态情况①。

　　这些悖论的根源仍然在于:在研究无穷大时,部分可以与整体一样大。我们在无穷大集合中已见到这种情况,这里再次见到了这种情况:取皮亚诺曲线的任何部分且随意放大,它看起来恰好与初始曲线一模一样。在最高倍显微镜下观察,它也不会将自身分解为初始曲线的元素。部分

————————

①　参见 Hans Hahn 的 *Geometry and Intuition* 一文,载于 1954 年 4 月 *Scientific American*。——原注

是整体的精确的复制品！①

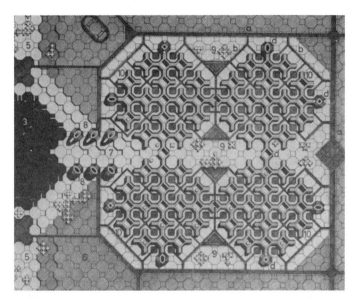

图 11.21　Zvi Hecker 对以色列阿什杜德城中心的规划图。这个设计
　　　　　方案类似于科赫曲线的结构，并且提出了无穷连续的可能
　　　　　性。摘自 Zvi Hecker 的 *Polyhedric Architecture* 一书，耶路撒
　　　　　冷以色列博物馆 1976 年出版。本书选用时经作者和以色列
　　　　　博物馆允许。

———————————

① 　拓扑学电影项目的教育发展中心制作了一部名为《填满空间的曲线》(*Space Fill-*
　　ing Curves)的电影以一种戏剧性方式展示了其中的一些特征。利用计算机动画，
　　一条曲线被不断放大，而它的新部分似乎不知从什么地方呈现在观察者面前，所
　　有部分的形状都与整个曲线完全一样。——原注

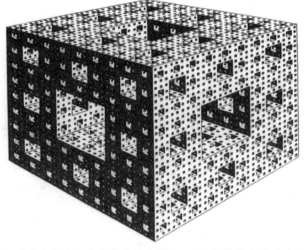

图 11.22　"门格海绵"：它的体积逐渐消失，而围绕着它上面的孔的面积是无穷大的，与科赫曲线一样，它只能作为一种极限情况实现。它外部的每个面都被称为"谢尔宾斯基地毯"，它是根据波兰数学家谢尔宾斯基(Waclaw Sierpinski)的名字命名的。它的面积逐渐消失。而孔的总周长是无穷大的。经允许摘自 Leonand M. Blumenthal 和 Karl Menger 著 *Studies in Geometry* 一书，旧金山 W. H. Freeman1970 年出版。

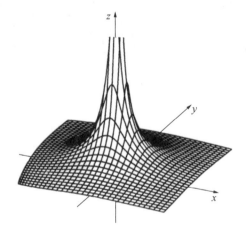

图 11.23　$z=\dfrac{1}{\sqrt{x^2+y^2}}$ 的曲面：另一个在原点处变成无穷大的函数的例子。经允许摘自 Al Shenk 著 *Calculus and Analytic Geometry* 一书，1977 年出版，版权属 Scott, Foresman and Company。

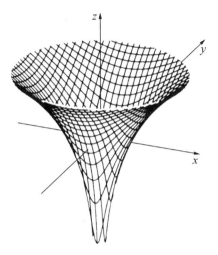

图 11.24　$z=\ln(x^2+y^2)$ 的曲面。其中 ln 表示自然对数。这个曲面表示两个
　　　　自变量的函数，当 x 和 y 逼近 0 时，该函数变得无穷大。经允许摘
　　　　自 Al Shenk 著 *Calculus and Analytic Geometry* 一书，1977 年出版。
　　　　版权属 Scott, Foresman and Company。

一些与无穷大有关的几何悖论

在第一篇中我们研究了与无穷大概念有关的悖论,这些悖论涉及数值量,例如,实数集、无穷级数等。几何学中也存在着类似的悖论,只不过是形状代替了数量。其中一些悖论很容易解释,而另外一些则触及了几何学赖以存在的一些最基本概念,特别是连续性的概念。

假设有一个单位边长的正方形,把该正方形分成四个相等的小正方形,并且像图 11.25(a)那样把这些正方形中右上角的那个图形涂上阴影线。阴影线部分的面积是初始正方形的四分之一(初始正方形的面积为1)。现在把剩余的、未画阴影线的正方形都分成四个相等的小正方形,并且把每个正方形右上角的那个小正方形画上阴影线[图 11.25(b)],现在画阴影线的总面积等于 1/4+3/16 或者 7/16。以这种方式继续下去,将会使画阴影线部分的面积逼近一个极限吗? 如果会的话,这个极限是什么呢?

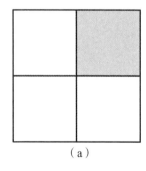 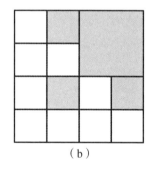

（a）　　　　　　　　　　　　　（b）

图 11.25　画阴影线的正方形悖论:从一个单位正方形开始,把它分成四个相等的小正方形,并且像(a)那样在右上角那个小正方形上面画阴影线。然后像(b)那样在剩余的(未画阴影线的)正方形上重复这个过程。无限地继续这个过程,画阴影线的部分总面积逼近初始正方形的面积。使用几何级数很容易解释这个悖论。

研究一下每一步中**未画阴影线**部分的面积,便可非常容易地回答这些问题。在第一步中,有三个未画阴影线的正方形,每一个的面积等于 1/4,

所以未画阴影线部分的总面积为 3/4。在第二步中,有 9 个未画阴影线的正方形,每一个面积为 1/16,从而未画阴影线部分的总面积为 9/16 或 $(3/4)^2$。在第三步中,将有 27 个未画阴影线的正方形,每一个的面积为 1/64,所以未画阴影线部分的总面积将是 27/64 或者 $(3/4)^3$。以这种方式进行 n 步以后,我们得到了序列 3/4,$(3/4)^2$,$(3/4)^3$,$\cdots$,$(3/4)^n$。这是一个公比为 3/4 的几何级数;随着 n 的增加,该级数的项逐渐缩减并且趋于 0,因此未画阴影线部分的面积变得越来越不重要。于是,**画阴影线**的面积一定逼近 1,即初始正方形的面积。换句话说,在经过足够多的步骤之后,画阴影线的部分将会几乎覆盖整个正方形,尽管在每一步中我们都剩下每个正方形的四分之三未画阴影线!

另一个悖论更值得注意。假设有一个函数 $y=\dfrac{1}{x}$,它的图形是图 11.26a 所示的双曲线(只给出了 x 取正值的分支)。现在设想我们围绕 x 轴旋转该图形,便可得到一个称为旋转双曲面的立体(图 11.26b)。我们可以运用微积分的技巧,证明该立体的曲面面积(x 的取值从 1 到无穷大)是无穷大的。更确切地说,如果我们计算从 $x=1$ 到 x 取大于 1 的某个值(例如 $x=t$)时的曲面面积,然后令 $t\to\infty$,那么这个面积将无限地增

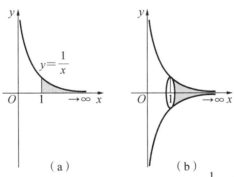

（a）　　　　　（b）

图 11.26　当 x 的取值从 $x=1$ 到无穷大时,双曲线 $y=\dfrac{1}{x}$ 的部分[见(a)]
绕 x 轴旋转,使形成一个回转曲面。运用微积分,你可以证明由
该曲面包围着的体积是有限的,但其表面积却无穷大。换句话
说,你使用有限数量的油漆便可填满其内部,但要在其曲面上涂
油漆,你得需要无穷多的油漆! 这个悖论没有"初等的"解释。

大。另一方面,当 x 的取值从 $x=1$ 到 $x=t$,而且当 $t\to\infty$ 时,这个立体的体积将逼近一个确定的极限。换句话说,其体积是有限的,尽管这个立体可以扩展到无穷大。现在设想我们打算在该立体的外部曲面上均匀地涂一层薄薄的油漆,那么我们将无法完成这项工作,因为这将需要无穷多的油漆。然而,如果我们使用油漆把这个双曲面的内部空间装满,一定量的油漆就足够用了! 这个悖论没有初等的"解释",这再次说明,一旦涉及无穷大,常识很可能会使我们失望①。

有些悖论涉及第 11 章谈到的"病态函数"。例如,函数 $y=\sin\dfrac{1}{x}$ 就有一个奇怪的特性:当 x 逼近 0 时,它的图形以一种不断增加的频率振动(图 11.27),所以人们总是无法完整地画出这个函数像。当然,对我们的函数而言,这还不算是特别奇怪的:双曲线在 $x=0$ 时也有一个"中断";但是与双曲线不同的是,这个图形的任何部分都不会趋于无穷大,而是频率在变成无穷大。另一方面,如果我们考虑相关函数 $y=x\sin\dfrac{1}{x}$,则 $x=0$ 时

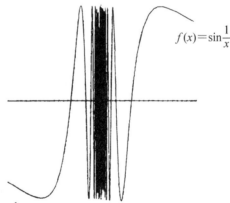

$$f(x)=\sin\frac{1}{x}$$

图 11.27 函数 $y=\sin\dfrac{1}{x}$ 的图形,其中 sin 是三角学中研究的正弦函数。该函数的值总是停留在 1 和 -1 之间,但是,当 $x=0$ 时,其振动频率变成无穷大。画这个图形的绘图机无法"捕捉"越过某个点之后的极值,所以在 $x=0$ 附近便出现了不规则性。

———————————

① 有关这个悖论的完整讨论,请参阅 Philip Gillett 的 *Calculus and Analytic Geometry* 一书第 370 页。该书由马萨诸塞州列克星敦的 D. C. Heath 1984 年出版。——原注

的"奇异点"将被移除,而且函数会变得连续(图 11.28)①。

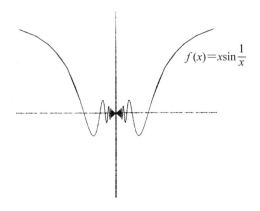

$$f(x) = x\sin\frac{1}{x}$$

图 11.28　$y = x\sin\dfrac{1}{x}$ 的图形。这里,当 $x \to 0$ 时,振动幅度(宽度)趋于零,所以消除了前一个图中的"奇异性"。

最后,假设函数 $y = f(x)$ 定义如下:如果 x 是一个有理数,则 $y = 1$;如果 x 是无理数,则 $y = -1$。该函数的图形好像由两条水平线组成,如图 11.29 所示,但是,每条线都被无限多个小洞"刺穿",这是因为任何两个有理数无论如何接近,在它们之间总可以找到一个无理数,反之亦然。使情况更奇怪的是,下部直线只有一些可以数得过来的小洞,而上部直线上的小洞数不过来,这是由有理数的可数性和无理数的不可数性造成的。而且,即使是最大倍数的显微镜也无法看到这些小洞,因为有理数和无理数在实数直线上都很稠密。人们在 19 世纪末期发现了这种简单而奇特的函数,它作为一个实例,说明可能存在处处不连续的函数。这些实例引起的争论促使人们对连续性这个看似简单的概念进行了彻底的全面重新审视。

———————————

①　严格说来,对于 $x = 0$ 来说,该函数没有定义,但是我们在这里可赋予它 0 值,以消除"奇异性"。这个定义在 $x = 0$ 时可保持函数的连续性,因为 $\lim\limits_{x \to 0} x\sin(1/x) = 0$。——原注

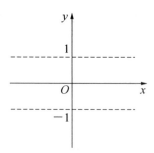

图 11.29　函数 $y = \begin{cases} 1, & \text{如果 } x \text{ 是有理数;} \\ -1 & \text{如果 } x \text{ 是无理数。} \end{cases}$ 它的图形包括两条平行线,但是每条线都被无穷多个小洞所隔断。而且,因为无理数比有理数多得多,所以上面一条线的小洞比下面一条线的多。这是一个"病态函数"的实例——这个实例向我们有关连续性和光滑性的常识提出了挑战。

第12章 圆中的反演

> 我可以被关在一个果壳里,并且把自己看成无穷空间的国王。
>
> ——莎士比亚(William Shakespeare)《哈姆雷特》(*Hamlet*)

第二幕第二场

函数可以被认为是一种从 x 轴到 y 轴的变换或"映射", x 轴和 y 轴二者都是点的一维集合。在高等数学中,我们还研究从点的一个二维集合向另一个二维集合,也就是从一个平面向另一个平面的变换。这种变换中最有趣的一种是**反演**变换,或者更确切地说是关于**单位圆的反演**变换。

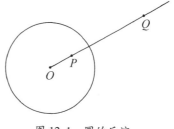

图 12.1 圆的反演。

设一个圆的圆心为 O,半径为 1,点 P(到圆心 O 的距离 $OP=r$)被"映射"到位于从 O 经 P 引出的同一射线上的点 Q, Q 到 O 的距离 $OQ=1/r$(见图 12.1)。以这种方式,便可以在初始平面上的点与新平面上的点之间建立一种一一对应:一个平面上的每个点都映射到另一平面的一个点上①。

---

① 当然,我们可以把这两个平面看成是重叠的。在这种情况下,映射可被看作是该平面的点的移动。——原注

这个规则只有一个例外：点 O 自己。为了了解这一点，当 P 在平面上移动时，让我们跟踪像点 Q 的下落。我们的对应规则要求 $OQ=1/r=1/OP$。所以说，P 距 O 越近（r 的值越小），Q 距 O 越远。当 P 逼近 O 时，Q 后退到无穷远。所以，点 O 没有任何确定的像点，我们必须把它从变换中排除①。然而，人们很想定义一个"点"，**无穷远点**，该点是反演情况下 O 的像点。当然，这个"点"不再是一个点，至少从这个词的一般意义上讲不是一个点：我们无法在平面上的任何地方找到它，它不能像一个普通的点那样可求出一个确切的位置。它的唯一目的就是使我们不受任何限制地完成变换。正是在这个意义而且只有在这个意义上，我们才可写出方程对

$$\frac{1}{0}=\infty \, , \frac{1}{\infty}=0$$

反演有很多有趣的性质，所有这些性质都以一种方式或另一种方式与无穷远处的点相关。首先，反演圆之内的所有点——包括圆心 O——都被映射到它之外的点上，反之亦然；这是因为如果 $r<1$，那么 $1/r>1$，反之亦然。所以，我们可以把该单位圆的内部看成是其外部的一个浓缩的像（一个缩影）（图 12.2）。当然，如果把无限远距离上的点排除在我们的讨论之外，那么我们就必然在单位圆的圆心上留下一个孔洞，因为圆心没有被映射到任何普通的（有限）点之上。确切地说，正是为了回避这种孔洞，我们才引入了无限远距离上的点。

反演的第二个固有特征是其**对称性**：如果 Q 是 P 的像点，那么 P 也

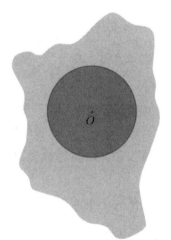

图 12.2　反演把单位圆的外面映射到了里面，把里面映射到了外面。

---

① 当然，这也是根据这样一个事实：从点 O 我们得到 $r=0$。因而以 r 作除数不成立。——原注

是 Q 的像点。这一点是从定义方程 $OQ=1/r=1/OP$ 得出的,该方程可写成 $OP=1/(1/r)=1/OQ$,表明从 Q 得到 P 的规则与从 P 得到 Q 的规则是一样的。所以说"点"和"像点"两个词总能互换,这就意味着适用于给定点集的每一个关于反演的陈述,也都适用于像点的集合。这种对称性有一种强大的统一力量,它使我们能够对反演进行一般的陈述,而不需要区分"点"和"像点"。正是在无限远距离上的点才使这种对称成为可能,因为如果没有它,我们就不得不从每一个陈述中排除反演中心 O。

接下来,我们的一个问题是,当一个给定曲线上的每一个点都被反演时,这条曲线会发生怎样的变化。我们立刻就能看到,单位圆(即 $r=1$ 的所有点)上的点映射到它们自身之上。所以说单位圆根本不发生变化——它在变换中保持**不变**。还可以很容易地看出:经过中心 O 的任何直线大体上都保持不变——尽管直线上的点发生了对换:单位圆之内的直线与之外的直线发生了对换,反之亦然。但是,这个事实令人吃惊:不经过 O 的直线被映射到**经过 O 的圆上**,反之亦然。(附录给出了关于该事实的证明。)图 12.3 显示了三种这样的直线:(a)中的直线 l 在反演圆 c 之外,所以其像(圆 k)全部位于 c 之内。(b)中的直线从外部与 c 接触,所以 k 从内部与 c 接触。(c)中的直线 l 在点 P 和 Q 处与 C 相交,因而产生一个**经过 O,P 和 Q 的像圆 k**(该圆位于 c 之内的部分是 l 在 c 之外部分的像,反之亦然)。所以说,一条直线离反演中心越近,它的像圆将越大。注意:所有这三个像圆都经过了 O,这是因为每条直线都经过位于无限远距离上的点,所以其一定经过反演中心(反演中心是在无限远距离上

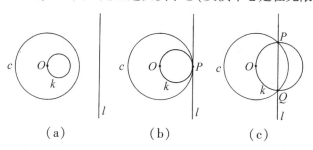

$$(a) \qquad (b) \qquad (c)$$

图 12.3　在反演情况下,不经过中心 O 的直线被映射到经过 O 的圆上,反之亦然。这个图表明了直线及其像点圆的三种不同位置。

的点的像）。我们不久将回到这个问题,现在让我们欣赏一下图 12.4 所给出的美丽图形。这是一个普通的棋盘,它上面重叠的是它自己的反演像。这里展示了所有上述特征,我们可清楚地看到反演圆是如何把外面的正方形变成里面的小圆形区域的。中心周围的小块空白,当然是棋盘范围之外整个平面的像。

图 12.4　棋盘及其反演下的像。中心附近的小块空白空间是棋盘范围之外整个平面的像。经允许摘自 Harold R. Jacobs 的 *Geometry* 一书,W. H. Freeman 1974 年版。根据 Martin Gardner 的 *Mathematical Games* 专栏(1965 年出版,版权所有者为 Scientific American,Inc.)改写。

显然,并不是每条曲线都有一条像直线或一个圆这样简单的像。特别是,圆锥曲线家族(圆除外)在反演中得不到保留,它们都变换成了曲线,而且其数学描述相当复杂。图 12.5 说明了椭圆、抛物线和双曲线在反演中是如何变化的:(a)中看起来像椭圆的小图形由于很简单而具有欺骗性,因为它根本不是椭圆!(原来椭圆的像是一个由四次方程表示的曲线,而椭圆本身是由二次方程表示的。)抛物线变成了(b)中的优美曲线,称为**心脏线**——中心处的尖点是在无限远距离上的点的像点,抛物线的两个分支在此相交。双曲线则变成了(c)中所示的"8"字形,它像一个倾斜的无穷大符号。

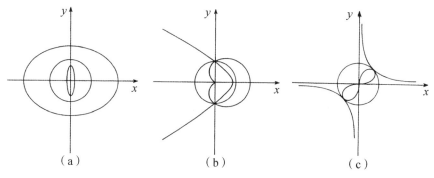

（a） （b） （c）

图 12.5 椭圆、抛物线和双曲线的反演像。

因此,我们看到反演极大地改变了一些曲线的形状,而另外一些曲线则丝毫未变。这真的不值得大惊小怪,因为反演把"非常近的"放到了"非常远的"地方,其后果必然是把延伸到无穷远的图形压缩成只占据平面上有限区域的图形。我们可以从图 12.6 中更深入了解这一过程;图 12.6 说明了经过 O 的圆 k 上的单个点是如何被延伸到它们在直线 l 上的

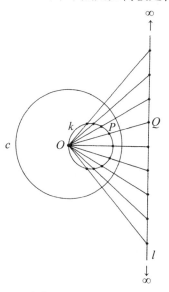

图 12.6 直线通过反演变换到圆的细节。

像点上的。当点 P 绕 k 移动时,它的像点 Q 沿 l 运动。当 P 接近 O 时,Q 沿直线 l 的一个方向退行到无穷大,并且在此消失。但是,要注意! 当 P **经过** O 时,Q 从 l 的另一个方向重新出现。所以,在反演把一个圆变换为它的像直线的过程中,好像存在一个间断,因为,根据逼近 O 的方向是顺时针还是逆时针,我们可沿直线的一个或另一个方向走向无穷远。但是,一旦我们在无穷远的地方定义**一个**点(而不是两个点,因为我们总想那样做),这种明显的间断就会消除,这个点就是反演中 O 的像点。如果我们想保持变换的一一对应特性及其固有的对称性,强加给我们的正是这个定义。

但是,让我们总体上回到直线家族。我们已经看到这个家族经反演可变换成直线或圆。现在看来,变换的对称性给我们提供了一个很好的理由,去推测这个命题的逆命题也成立:所有圆的家族都将变换成直线或圆。尽管其证明与上一个事实相比不那么容易,然而,事实上结果确是如此。所以,一个大胆的想法出现了:如果我们同意把一条直线看成是一个直径无穷大的圆的极限情况,那么我们的所有结论都可以总结为一个简短的陈述:**反演总是把圆变换成圆**,其中的"圆"现在包括直线。这样,我们可以看到,反演的确消除了这两种曲线之间的差别,以及中学几何学所研究的这两种曲线的众多特性。直线和圆——"直的"和"弯曲的"这两个经典对立面在这种情况下就变得统一了,而且又是无穷远上的点,使这种统一成为可能。

当然,我们还可以把讨论推广到三维,并且定义单位**球面**的反演。我们讨论的绝大部分性质仍然能成立,只是必须用平面和球面代替直线和圆。以这种方式,我们可以从熟悉的圣诞装饰球来了解变换;圣诞装饰球好像把整个世界都反射成了一个很小的变形的像。荷兰艺术家埃舍尔(以后我们还将谈到他)在他的作品《拿着反射球面的手》(1935)中画出了球面反射的性质;我们在此复制了这个作品(图 12.7)①。

---

① 必须指出的是,三维反演只是球面反射的近似,但是,这种近似确实展示了这种反射的主要特征。——原注

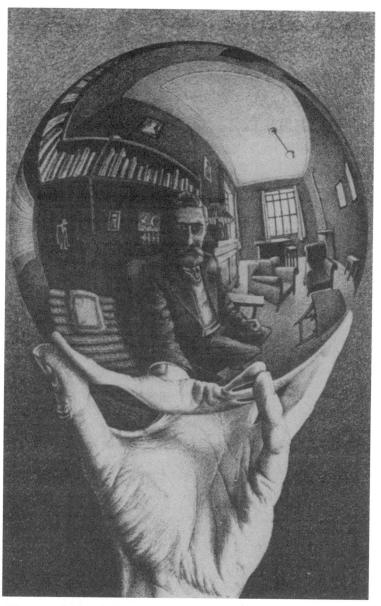

图 12.7　埃舍尔:拿着反射球面的手(1935)。©M. C. Escher Heirs c/o Cordon Art-Baarn-Holland。

第 13 章　地图与无穷大

一颗沙粒见世界，

一朵野花见天国；

手掌能容纳无穷大，

一小时能容纳永恒。

——布莱克(*William Blake*)

《天真的预言》(*Auguries of Innocence*)

　　数学家研究反演，当然不仅仅是为了追求美，因为这个课题产生了很多不同的科学分支，有时是完全出乎意料的。下面我们将讨论这种情况中的一种——反演在地图学中的作用。

　　每个试图把橘子皮压在桌面上的人都知道，如果不大幅度地改变其表面形状，通常不可能把它平铺到一个平面上。不管你多么细心地做这件事，总会产生一些变形。所以，为了在一张平展的地图上画出地球（或地球仪——一个按比例缩小的地球模型）的表面，我们必须找到某种**投影**方法——一种能够把地球表面上的每一个点都变换到地图上一个相应点的方法。制图师使用很多不同类型的投影方法，每一种都有其独特的优点，但也有其特有的变形：任何一种单独的投影法都不能忠实地再现地球的**所有**特征，例如，两点间的距离，从一个点到另一个点的方向，或者一个区域的面积等。

使用范围最广的投影法之一,就是在公元前 2 世纪已被希帕索斯所知道的**球极平面投影**。我们想象地球(把它看作是一个完全的球体)被放置在一张平铺的纸上,在**南极 S** 点与纸接触(图 13.1)。现在我们把地球表面上的每一个点都用直线与**北极 N** 连接起来,并且延长该直线,直到它与纸相交于点 P' 为止。P' 就是投影中 P 的像点。

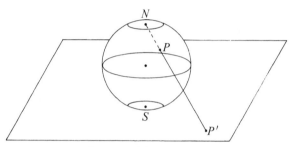

图 13.1　球极平面投影。

我们可很容易地确立这种投影法的主要特征。首先,纬度圈(地图学上称为"纬线")被映射成围绕南极 S 的同心圆,而黄经圈(子午线)被映射成直线,像是从 S 向各个方向发出的光线一样(图 13.2)。地球上的赤道 E 变成了地图上的圆 e,我们可把 e 看作单位圆。整个北半球被映射到 e 的外部。一个点距北极越近,它在地图上的像点就越靠外。地球上有一个点在地图上没有任何像点,它就是北极点自己。它的像点在无限远的地方。

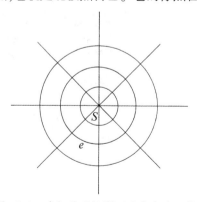

图 13.2　球极平面投影下的南半球网格。

这些特征让我们直接想起圆的反演,而且在反演和球极平面投影之间的确有着密切的联系。运用三角学可以证明:地球上具有相同经度和相反纬度的两个点映射到地图上,则互为反演点。(投影的这个特性和其他特性的证明见附录。)所以,地图上的整个北半球可被看作南半球的反演像,反之亦然。而且我们可以看到,地图上的每一条直线或圆都对应着地球上的一个圆。这些特征实际上对于逆向(即从地图向地球)投影很有用。当这样做时,这个球体就被剥夺了其地图学意义,而被看作是一个纯粹的几何物体。所以它可被认为是无限平面的一个有限"模型",而且这个模型保留了反演的所有主要特征。这种模型的优点是,它使我们更容易看到平面反演的各个方面。对于该球体赤道平面,我们只考虑其反射(即南北纬度的反转),而不是反演;而且,直线和圆总是变成圆,而在无限远距离上难以捉摸的点变成了球体上的普通点——北极。在以后的讨论中我们还有机会研究这种模型。

现在让我们再回到地理问题。因为球极平面投影在北极附近遭受的变形不断增加,所以对整个地球进行映射就变得不太适合。实际上,在任何给定地图上,只有一个半球被映射;当然,这可以是北半球。在这种情况下,我们必须从**南极**对地球投影。(图 13.3 给出了这种投影下北半球

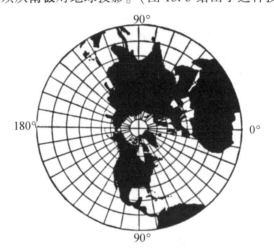

图 13.3 球极平面投影下的北半球。经允许摘自 David Greenhood 的 *Mapping* 一书,The University of Chicago Press,1964 年出版。(根据 Deetz 和 Adams 的书重新制作。)

的实际样子。)但是,为了弥补这个缺点,我们的投影使用了地图学的一个极其重要的性质,这就是方向保持或**等角**。其含义是:如果两条曲线(例如两艘轮船在海上走过的路线)以某个角度相交,那么它们在地图上的像点曲线也以相同角度相交。换句话说,其相交角在投影中保持不变。正是这个特征才使球极平面投影成为航海中一个不可缺少的工具①。

现在让我们想象我们开始一段长途旅行,旅行中我们总是沿着一个给定的、事先确定的罗经航向(譬如说北偏东30°)行进。让我们下定决心,坚定地沿着这个方向走下去,不去考虑途中可能遇到的任何障碍,例如山脉、海洋或不可逾越的沙漠。这样一种路线被称为**等角航线**②,它相对于北方保持一个恒定方向,因而以相同的角经过每一条子午线。过去很多年,人们一直认为连接地球上两个点的等角航线也是两者之间的最短距离,但是葡萄牙人努内斯(Portuguese Pedro Nunes)证明这种想法是错误的。努内斯证明两点之间的最短距离是连接它们的大圆③的一段弧,而等角航线则是一条螺线状曲线,该曲线绕两极中的一极无限地旋转,越来越逼近极点,但永远不会到达。荷兰画家埃舍尔(我们在讨论球

----

① "等角的"(conformal)一词的字面意思是"有相同的形状"。我们可以很容易地看到,我们的投影方法所具有的等角特性还意味着保持形状。假设地球上有一个小三角形,它的每条边显示到地图上都是一段弧,这段弧可被看作是一段直线,这是因为这个三角形相当小。由于我们的投影保持角度不变,原始三角形的每对边相交的角度都与它们在地图上的像的相交角相同,所以,像三角形的形状与原始三角形相似(尽管大小不一定相等)。因为任何区域都可看成是很多个这种三角形的和,所以同样的结论也适合于任何小的形状。然而必须强调,仅仅在局部(即小的形状)是这样,因为大三角形图像的边将会更加弯曲。从理论上讲,保形特性仅适用于无限小的形状,但是,在实际应用方面它确实为甚至是大洲那么大的形状提供了一个很好的近似,图13.3清楚地说明了这个问题。——原注

② 该词loxodrome(等角航线、恒向线、无变形线)来源于希腊词loxos(倾斜的)和dromos(路线),即斜线。这个名称是由荷兰物理学家斯涅耳(Willebrord Snell)提出的,他因一个以他的名字命名的著名定律而更广为人知。等角航线(loxodrome)还称为恒向线(rhumb line)。——原注

③ 大圆是一个其中心与球的中心重合的圆(例如赤道和子午线)。大圆在球面上起着直线的作用,这一点我们以后还要谈到。——原注

面反演时曾介绍过他)在他优美的作品《球面螺线》(*Sphere Spirals*)中描绘了等角航线的特性(如图 13.4 所示)。

图 13.4　埃舍尔:球面螺线。ⓒM. C. Escher Heirs c/o Cordon Art-Baarn-Holland。

等角航线是如何显示到球极平面地图上的呢? 为了回答这个问题,我们现在开始使用投影的保角特性,因为一条等角航线以同一个固定的角度与每一条子午线相交,所以它在地图上的图像一定以相同的角度与经过地图中心的每一条直线相交。但是,我们已经遇到过一条正好具有这个特性的曲线:对数螺线。所以说,在一幅北半球的球极平面地图上,任何一条等角航线都将显示为一条从北极发出,并且在人们向南走时逐渐展开的对数螺线。对南半球来说,情况正好相反:每条螺线都向南极收敛,无限逼近南极,但永远不会到达南极。

对数螺线对数学家可能有着巨大的美学吸引力,但是它却是一条很棘手的曲线,人们无法使用直尺和圆规把它画到地图上。正是由于这个原因,佛兰芒地理学家墨卡托(Gerhardus Mercator,也叫克雷默,Gerhard Kremer)发明了保角地图,所有的等角航线在这张图上都是直线。他这幅出版于1569年的著名地图将整个地球绘制在一个直角坐标网格上,在这张图上,所有的平行线(纬线)都是等长的,子午线也一样(图13.5)。可是,在地球仪上纬线圆在逼近两极时变得越来越小,所以,墨卡托地图上的每一条纬线都以一定比例被拉伸而超过其正确长度,这个比例视该纬线的纬度而定:纬度越高拉伸越多。因此,如果一幅地图欲成为保角地图,人们必须对纬线**之间**的间隔进行等量伸展,以便补偿这种纬线拉伸。由于制订了这种方案,墨卡托才得以计算出每条纬线的正确间隔[1]。其结果是一幅这样的地图,在该地图上每一条等角航线都以一个恒定的角与每一条子午线相交;而且,由于子午线是平行的,所以所有的等角航线都显示成直线。

墨卡托地图对他那个时代的航海界产生了直接而重大的影响,因为它极大地简化了航海术。海员不再需要为地图上那些使用不便的曲线苦苦挣扎了。从那时起,他所要做的就是把他的预定航线画成一条将出发点与目的点连接起来的直线,测量出这条直线相对于北方的方向,然后按照同一个方向在海上航行。但是,地图绘制(以及其他领域)经常出现这样的情况,一个目标的实现总是以牺牲另一个目标为代价,在这种情况下

---

① 与在很多地理书上发现的错误陈述相反,墨卡托的投影不是通过使用一个圆柱体绕赤道卷着地球仪,然后从地球仪的中心向这个圆柱体投影而得到的。严格地讲,墨卡托的投影根本不是一种投影,因为它只能从一个数学公式中得到,而且这个数学公式的推导需要微积分学方面的知识。墨卡托生活的时代比微积分的创立早整整一个世纪,因此他不可能从微积分中受益;他找到必要的间隔用的是一种我们今天称为"数值积分"的方法,也就是说使用一种逐步过程(即从初值开始,然后一个点一个点地往下进行)求解微分方程。这种方法在现代计算机甚至手控计算器上便可有效地执行。对墨卡托来说,这又是一种无法享受的奢望,这使他的成就更加不同寻常。而且很多人都认为,他的地图是自发现地球是圆的之后,对地图绘制学的最伟大贡献,详情请参阅 Charles H. Deetz 和 Oscar S. Adams 的 *Elements of Map Projection* 一书(Greenwood Press1969 年出版)。——原注

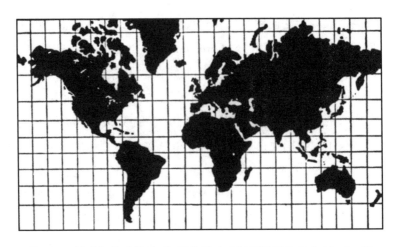

图 13.5 墨卡托的世界地图,经美国政府印刷所准许摘自 Charles H.
Deetz 和 Oscar S. Adams 的 *Elements of Map Projection* 一书,
Greenwood Press,1969 年出版。

牺牲的是地球的形状。当我们越接近北极时,纬线之间的距离被拉长越多,所以处在高纬度的国家在地图上被极大地拉变了形;例如,格陵兰岛实际上只有南美洲的九分之一大,但在地图上看起来却比南美洲还大。正是这种南北延长才使墨卡托地图看起来很有自己的特点。当然,这幅地图上无法显示出南极和北极,因为它们的像点在无限远的地方。

第14章　铺满平面

空间的形式有三种,它的长度绵延无穷,永无间断;它的宽度辽阔广远,没有尽处;它的深度下降至未知的领域。

——冯·席勒(Friedrich von Schiller)

现在让我们回到普通几何学。在我们周围众多的几何图形中,正多边形总是起着特殊的作用。**多边形**(polygon,来源于希腊词,polys＝很多,gonon＝角)是一个由直线线段组成的闭合的平面图形。**正多边形是一个边和角都相等的多边形**,最简单的正多边形是等边三角形,其后是正方形、五边形、六边形等。我们在第1章已经了解到,希腊人对这些正多边形尤其感兴趣,并且使用它们求出 π 的近似值,他们当然知道世界上有无限多个这种多边形;也就是说,对于任何一个给定的整数 $n \geqslant 3$,都存在一个有 n 条边的正多边形——数学家们称之为"n 边形"。

这里产生了一个与正多边形有关的基本问题:它们中的哪一个能够像贴瓷砖一样铺满一个平面,比如说地板?"密铺"(还可用"镶嵌"一词)在这里的意思是说,我们能够通过单一基本形状的无限次重复而填满整个平面,不留下任何空白。不难看出,在无穷多的正多边形中,只有三种可以完成这项工作:等边三角形、正方形和六边形①。我们可以很容易地看出,为什么正五边形等不能铺满一个平面:五边形两条邻边的夹角为

108°(图 14.1);然而,对于任何数目的正五边形,要使它们相交于一个顶点并且紧紧地镶嵌在一起,108°必须转动整数次才能走完一圈,即 360°,这当然不可能的。以同样的方法可以排除三、四和六边形之外的所有其他 n 边形,当然我们都熟悉正方形密铺方法,它是最常用的一种密铺,因

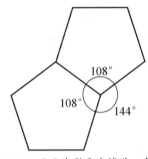

图 14.1 正五边形无法铺满一个平面。

为它不仅能覆盖整个平面,而且还能正好铺满矩形房间的墙壁。在很多步行道上都可以找到六边形密铺,华盛顿特区的地铁站便是一个很好的例子。使用等边三角形密铺本质上等同于用六边形密铺,因为六个等边三角形便可组成一个正六边形。自然界中也可找到六边形镶嵌——它构成了蜂房的基本结构。这是有原因的,而且很显然蜜蜂肯定知道:在三种密铺中,六边形密铺收效最大——覆盖一个给定面积时,六边形需要的材料最少,图 14.2 给出了三种基本的密铺方法。

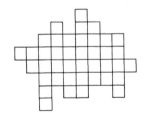

图 14.2 正多边形的三种可能的镶嵌方法。

当我们从二维上升到三维时,情况就完全不同了,这里有一个令人惊奇的事实:有五种不同的正多面体,而且在这五种正多面体中,只有一种能

---

① 当然,我们不区分形状相同而尺寸不同的正多边形;也就是说,如果一个基本的图形能够铺满一个平面,那么同一个图形扩大或缩小后也能做到这一点。——原注

够"填满"空间。正**多面体**是指所有的面都是全等的正多边形,而且这些多边形在空间中以相同角度相交的多面体,世界上只存在五种正多面体(不像平面正多边形有无限多个)。这一事实是欧拉 1752 年发现的一个著名公式所带来的结果:对于任何一个简单多面体(没有缺口的多面体)来说,它的面的数目 F,边的数目 E 和顶点的数目 V 总是由下述方程结合在一起

$$V-E+F=2$$

从这个公式我们可以证明(见附录)只存在五种可能得到的正多面体:

$$V=4, E=6, F=4:四面体$$
$$V=8, E=12, F=6:立方体$$
$$V=6, E=12, F=8:八面体$$
$$V=20, E=30, F=12:十二面体$$
$$V=12, E=30, F=20:二十面体$$

(除了正方体之外,名称都来自面的数目。)这些正多面体也被称作柏拉图立体(图 14.3),它们早已为希腊人所熟知,它们被赋予了很多神话属性,而且天文学家开普勒在他的行星轨道理论中给了它们一个突出

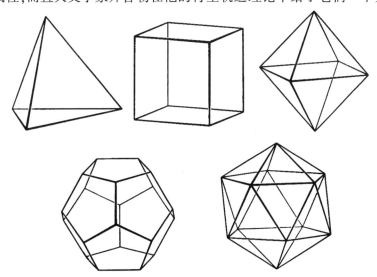

图 14.3 五种正多面体或称正立体。经允许摘自 D. Hilbert 与 S. Cohn-Vossen 的 *Geometry and the Imagination* 一书,Chelsea Publishing Company1952 年出版。

的角色(后来证明它们配不上这个角色)。在我们这个时代,这些立体在晶体学领域东山再起。晶体的原子排列成晶格,具有严密的空间整齐度。我们可以把这种晶格看成是由"单位元件"组成的;"单位元件"是基本的砌块,而这些砌块经无限的重复可以填满晶体的容积。例如,金刚石的原子填满了

图 14.4　美国数学协会标志上的二十面体,这个正立体有二十个相同的面,而且每一个面都是一个等边三角形。承蒙美国数学协会提供。

正四面体的顶角①,而且正是由于这种排列才使金刚石有那么出名的硬度。一个正二十面体出现在美国数学协会的会标上(图 14.4)。

　　欧拉公式得出了五个正立体的一个显著特性:如果用直线把一个给定立体的所有面的中心连接起来,那么,我们可再次得到一个立体,称为原有立体的**对偶**。这样一来,立方体的对偶是一个八面体,反之亦然(图 14.5);而二十面体的对偶则是一个十二面体,反之亦然。四面体是自对偶的:它的对偶仍然是一个四面体——尽管体积较小,这一特性是下述事实产生的结果:欧拉公式中变量 F 和 V 以对称方式出现,也就是说,我们可交换它们的位置而不影响这个公式的正确性。(注意 E 的情况不一样,因为它带有一个负号。)

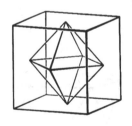 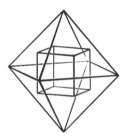

图 14.5　对偶性:立方体的对偶是八面体,反之亦然。经允许摘自 D. Hilbert 和 S. Cohn-Vossen 的 *Geometry and the Imagination* 一书,该书由 Chelsea Publishing Company 1952 年出版。

———————————————

① 金刚石的晶格应为正八面体。——译者注

正是这一特性直接产生了对偶正立体的无穷级数。例如,我们可以从一个正方体出发,连接它的六个面的中心便可得到一个正八面体,然后再连接其八个面的中心,又可得到一个正方体,这样继续下去**直至无穷**。以这种方式得到的立体的级数将在尺寸上由大变小,而且每一个立体都嵌入前一个立体中。该级数中,立体的体积遵循严格的数值比例,然而除四面体之外,这些比例远非简单。对自对偶的四面体来说,其比例是 1/3:每条边的长是先前那个四面体的三分之一(所以体积是前一个的 1/27)。对于立方体—八面体序列来说,当从立方体到八面体时,该比例为$\sqrt{2}/2$;当从八面体到立方体时,该比例为$\sqrt{2}/3$。对于二十面体—十二面体序列来说,其比例要更为复杂。

再回到平面,我们已经知道只有三种正多边形可以铺满一个平面。但是如果我们放松对多边形的一些限制,那么就可产生很多新的可能性。所以,使用等边不等角的五边形铺满平面是可能的,如图 14.6 所示。(注意:每个五边形中有两对等角。)如图 14.6 所示,四个这种五边形总能结合在一起,形成一个六边形,所以五边形镶嵌同时也是一个六边形镶嵌。(注意:这不是蜂巢的镶嵌所使用的正六边形,而是一个拉长的六边形,它有两条相等的短边和四条相等的长边。)我们知道,使用任何多于六条边的多边形不可能进行镶嵌。而在另一方面,很容易证明**任何三角形**和**任何四边形**都可完成一个平面的镶嵌,如图 14.7 和图 14.8 所示。

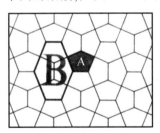

图 14.6 阴影五边形 A 能铺满一个平面,它的边相等而角不相等。注意:四个这样的五边形合并成一个六边形。经允许摘自 Phares G. O'Daffer 与 Stanley R. Clemens 的 *Geometry: An Investigative Approach* 一书,1976 年版权归 Addison-Wesley Publishing Company, Inc. 所有。

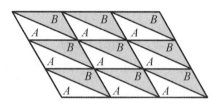

图 14.7 任何三角形都能铺满平面。经允许摘自 Phares G. O'Daffer 与 Stanley R. Chemens 的 *Geometry: An Investigative Approach* 一书，1976 年版权归 Addison-Wesley Publishing Company，Inc. 所有。

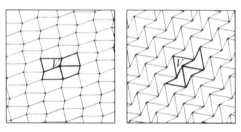

图 14.8 任何四边形都将铺满一个平面。经允许摘自 Phares G. O'Daffer 与 Stanler R. Clemens 的 *Geometry: An Investigative Approach* 一书，1976 年版权归 Addison-Wesley Publishing Company，Inc. 所有。

　　还有一种使用不止一种基本多边形在一个平面上进行镶嵌的可能性。仔细分析表明:正好有八种正多边形的组合能够以下述方法对平面进行镶嵌:每一个顶点都被相同类型和相同数目的正多边形包围①。这八种组合就是半正则镶嵌，如图 14.9 所示。最后，我们可以放弃所有的顶角必须一样的要求，这样便可产生复杂性极不寻常的镶嵌，图 14.10 给出了一个例子。在过去的二十年里，人们对这个问题产生了极大兴趣②。

---

① 这种镶嵌的细节具有很强的专业性,在 Phares G. O'Daffer 与 Stanley R. Clemens 的 *Geometry: An Investigative Approach* 一书中有叙述,该书由加利福尼亚门罗公园的 Addison-Wesley1977 年出版,该书还列出了大量与镶嵌有关的参考文献。——原注

② 例如,R. Penrose 所著 *A Class of Non-Periodic Tillings of the Plane*,见 *Mathematical Intelligence*,2(1979),pp. 32-37,也见 Martin Gardner 的 *Extraordinary Nonperiodic Tiling that Enriches the Theory of Tiles*,Scientific American,January 1977,pp. 110-121。——原注

毫无疑问，这是受到了荷兰艺术家埃舍尔作品的启发，而埃舍尔则是从摩尔人的装饰艺术中获得的灵感。实际上，正是在视觉艺术中，镶嵌才找到了它最大的应用。我们将在第三篇重点讨论这些问题。

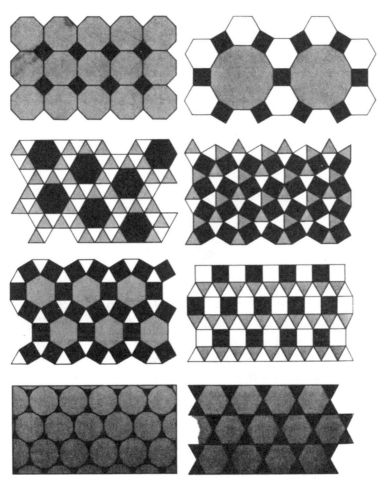

图 14.9 8 种可能的半正则棋盘花纹镶嵌。经允许摘自 Phares G. O'Daffer 与 Stanley R. Clemens 的 *Geometry: An Investigative Approach* 一书。1976 年版权归 Addison-Wesley Publishing Company, Inc. 所有。

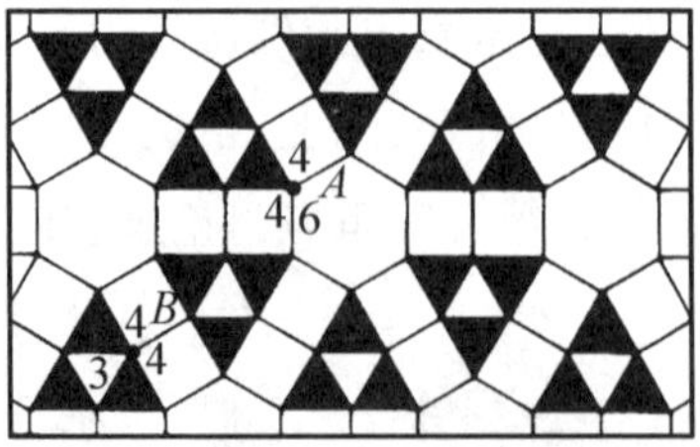

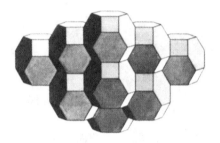

图 14.10 一种更复杂的镶嵌。经允许摘自 Phares G. O'Daller 与 Stanley R. Clemens 的 *Geometry: An Investigative Approach* 一书，1976 年版权归 Addison-Wesley Publishing Company. Inc. 所有。

图 14.11 除了立方体之外，五种正立体之中没有一个能填满空间，但是这里给出的平截八面体能够不留任何空隙地填满三维空间。阿基米德已经知道这种正方体，俄罗斯结晶学家费奥多罗夫重新发现了它。经允许摘自 D'Arcy W. Thompson 的 *On Growth and Form* 一书，J. T. Bonner 编，1961 年版权归 Cambridge University Press 所有。

第15章 几何学的新视角

所有有限的事物都揭示了无限。

——罗特克(Theodore Roethke),《远方的田野》第四卷,

(*The Far Field*, Ⅳ)

在结束第二篇之前,我们将研究现代数学中两个最具革命性的发展,它们都与无穷大有着直接的关系。第一个是射影几何学的创立,这个学科的创立把我们带回到文艺复兴时代,而且其根源不在科学而在艺术之中。在中世纪,科学和艺术都从属于当时的宗教和神话信仰。对自然界的描述不是按照它的本来面目,而是按照观察者的幻想或宗教信仰。这样一来,世人相信太阳围绕地球转,这不是根据对天空的客观观察得到的有效证据,而是因为罗马天主教会裁定必须如此。地球自身是扁平的——尽管反面证据不断增加——因为相信地球是圆的就意味着让"另一边"的可怜生物坠入那无穷空间的深渊之中。而且,画家描绘他的圣徒或英雄不是根据自然透视效果——即远处的人物看起来比近处的小——而是根据他们在教会等级制度中的地位。

直到15世纪,人们才开始对自然界进行更客观的观察,而且,一旦变革之风开始吹起,它们就不可能停下来。对我们的世界进行真实、客观的描述成了新时代的座右铭,而且它使西方社会的所有方面都发生了变化。尤其是在艺术界,这种新观点促使人们研究我们的眼睛感知周围风景与

物体的规律。这便产生了透视画法,这种方法由意大利建筑师和雕塑家布鲁内莱斯基(Filippo Brunelleschi)于 1425 年创立,而丢勒(Albrecht Dürer)和达·芬奇(Leonardo da Vinci)则使其进一步完善。

透视法是一种绘图方案,它使艺术家能够以一种真实而客观的方式,将他面前的场景展现在画布上。根据透视画法原理绘制的图画是一种照片——忠实地再现了眼睛实际看到的东西。但是,我们知道景物的照片与实际景物在某些方面有所不同。例如,一个圆可能会像一个椭圆,正方形可能像梯形,一对平行线(例如铁路轨道)好像在地平线上交汇。正是这个问题——在把一个物体绘制到画布上时,是如何呈现的——在 16 世纪催生了一个全新的数学分支——射影几何学。

古典希腊几何学专门研究图形的大小和形状,射影几何学则研究图形更基本而且在某种意义上更简单的方面:那些在**射影**中保持不变的特性。"射影"指的是从物体发出并且在眼睛(或者在有些情况下是照相机镜头)上汇聚的所有光线的集合。当艺术家在他的画布上描绘一个景物时,我们可以把画布设想为与这些光线相交的平面或**截面**的一部分。然后,通过汇集投射光线穿透画布的所有点来形成图画。所以,射影几何学的基本目的就是研究物体与其在断面上的像之间的关系,尤其是那些在射影中保持不变或未被改变的像的特性。正是在这里,无穷大的概念才进入了我们的讨论范围。

正如我们刚才所说,两条平行线在一幅画上通常不再平行,所以在射影中平行的特性不再保存。但是,我们还从经验中得知平行线**好像**收敛于地平线上。那么这个地平线是个什么样的物体呢? 不相交的直线为什么在这里看似相交在一起呢? 射影几何学把地平线看作是一条普通而又特殊的直线:"无穷远线"。平面中的每一对平行线定义一个点——"无穷远点",这两条直线好像在这里会聚在一起;而所有的无穷远点就构成了无穷远处的直线——地平线(图 15.1)①。所以,射影几何学正式认可"平行线在无穷远处相交"这一通俗而含糊的说法。

① 此外,还使用"理想点"和"没影点"等名称,相应地有"理想直线"和"没影直线"。——原注

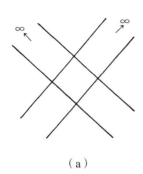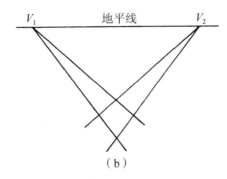

（a）　　　　　　　　　　　　　　　　　（b）

图 15.1　两对平行线：(a)从上面看；(b)透视。

　　乍看起来，将这样一种含糊概念引入几何学，可能在很大程度上损害了数学作为一门严密学科在我们心目中的形象，因为在数学这门学科中没有含糊性和歧义性的立足之地。太对啦！对于一种新的创造，只有我们给它的概念一个精确定义，并且通过它的实用性证明这个定义合理时，这种新创造才会变得合法。其实，在我们同意两条平行线在一个无穷远点相交时，就已给出了它的定义。注意：这与平行线的传统定义(在一个平面上)不相交一点儿也不矛盾，因为经典几何学从不研究无穷性，它只研究**有限**点；而传统定义只是说平行线不在任何有限点上相交。因此，加上无穷远处的点和线，只不过是使用一个肯定的陈述代替一个否定的陈述(即平行线**不能做的**)。

　　当然，我们可以随心所欲地定义尽可能多的新概念，但是，这样做的最终理由取决于这些概念是否对正在思考的主题提供了一些新的启示。正是在这里，我们新观点的优势才变得非常明显，因为无穷远处的点和线的引入有一个强大的统一力量：它消除了以不同方式处理平行线和"普通"直线的必要性。在普通几何学中，我们说"两条相交的直线只有一个交点；平行线不相交"。而在射影几何学中，我们说"平面中的任何两条直线都相交于唯一的一点"。这种说法有一定的优美之处，具有彻底的普遍性；而且数学家和艺术家一样，总是在他们的工作中寻找优美。

　　可以确信，在普通点与无穷远点二者之间存在很大的差别。一个普通点确定一个**位置**，而无穷远点则确定一个**方向**。两条非平行线的交点给出了两条直线相交的确切位置；两条平行线的交点仅仅告诉我们它们的方向。又因为相互平行的所有直线具有相同的方向,我们将进一步认同,所有这种直线都相交于某个无穷远点。也就是说,每一族平行线都有其自身的唯一无穷远点①。

如上所述,无穷远点和直线的引入,使人们不必区分相交和平行直线。然而,如果仅仅是因为这个成就,射影几何学很难证明自己是数学的一个独立分支。事情的进一步发展表明,我们的新观点实际上使我们能够发现很多新结果——如果我们只使用古典几何学的方法,那么这些新结果可能将被忽视。例如,我们看一看以下两个简单的命题,两者都取自初等几何学:

两点确定一条且只有一条直线;

两条直线确定一个且只有一个点。

(见图 15.2;第二个命题当然包括两条直线平行的情况。)这两个命题给人印象最深的是它们的完全对称性:"点"和"直线"二词以完全相同的方式出现在陈述中。事实上,我们可以交换这两个词的位置,而不会影响任何一个命题的有效性;唯一的变化将是第一个命题变成了第二个,而第二个命题变成了第一个。这种完全对称性称为**对偶原理**,而且它是射影几何学最优美的成果之一。

根据对偶原理,任何关于点和线相互关系的有效(即关联)命题,如果处处互换"点"和"直线"两词,仍保持其有效性,我们说这两个命题以及它们对应的几何构形"对偶等价"。例如,三角形可被认为是三个非共线点(三个点不在一条直线上)组成的集合,如图 15.3(a)所示;或者是三

---

① 与直线在两个方向上都延伸到无穷远的直觉概念相反,我们在这里采用的是普通直线在无穷远处只有一个点的观点。这样做的目的是维护"通过两个给定点有且只有一条直线经过"这一公理。如果为每一条直线赋予两个无穷远点,那么我们就不得不将所有平行线视为相同的。

注意:这个约定不同于我们用于反演的约定。反演所采用的约定为整个平面定义一个单独的无穷远点。据此我们可以区分没有无穷远点的普通或欧几里得平面、反演平面(一个无穷远点)以及射影平面(每组平行线有一个无穷远点)。这些想法可以很容易地推广到三维:每组平行平面将相交于一个无穷远直线,而且,由于存在无穷多条这种直线(与三维空间中无穷多组平行平面相对应),所以我们定义一个无穷远平面;所有这些直线均位于其上。——原注

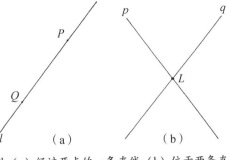

图 15.2 对偶性:(a) 经过两点的一条直线;(b) 位于两条直线上的一个点。

条非共点线(三条线不都经过一个点)组成的集合,如图 15.3(b) 所示,第一个定义更为常见,但第二个也同样有效。(当然,我们必须把这些直线看成是无限延伸的,所以我们的三角形看上去有点儿不寻常。)然而,这个结果相当平凡。一个更有趣的事实由法国建筑师和工程师笛沙格(Gérard Desargues)于 1639 年发现并以他的名字命名的,表述如下:

> 如果两个三角形 ABC 和 $A'B'C'$ 的放置使直线 AA', BB' 和 CC' 共点,那么点 aa', bb' 和 cc' 共线。

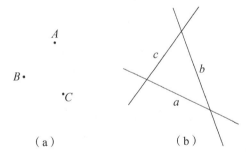

图 15.3 三角形的对偶解释:(a) 三个非共线点;(b) 三条非共点线。

这里,我们使用 AA' 表示通过点 A 和 A' 的直线,aa' 表示"经过"直线 a 和 a' 的点(即这两条直线的交叉点);其他的点对、线对也一样(图 15.4)。这种符号的选择完全符合射影几何学的精神——它的目标是点和线之间的完全对称。

用普通几何学工具来证明笛沙格定理一点也不容易。但是,从射影几何学角度看,其证明变得极其简单。两个三角形 ABC 和 $A'B'C'$ 可被认

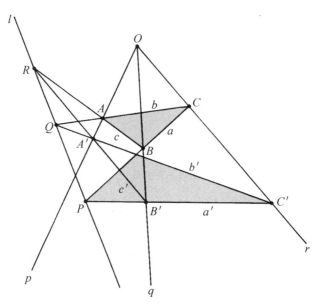

图 15.4　笛沙格定理：一般的情况。

为是彼此的射影，其中，射影的出发点是点 O，直线 AA'，BB' 和 CC' 相交于 O。注意：要做到这一点，这两个三角形无须处在一个平面上；相反，应该把它们看作属于两个相互倾斜的平面，而两个斜面总能相交成一条直线，所以对应边的交点必定位于该直线上。这就完成了这一证明。这个证明不仅是简单的模型，而且还提供了一个实例：说明从三维角度入手，关于二维几何构形的命题更容易得到证明。

　　有人可能要问：如果直线 AA'，BB' 和 CC' 平行，那么图 15.4 将发生什么情况呢？[①] 我们是否需要为这种特殊情况修改笛沙格定理？答案是：完全不必！如果这三条直线平行，这仅仅意味着它们的公共交点 O 退到了无穷远，而射影几何学认为所有的无穷远点都是真正的点。所以，点 aa'，bb' 和 cc' 仍然位于一条直线之上（图 15.5）。当两个三角形相似并且排成一排时，会出现另一种有趣的情况，如图 15.6。（我们可以把它们想象为一个截面为三角形的金字塔的两层。）那么，这六条边成对平行，边 a

---

① 　这称为平行射影，与以前我们见到的中心射影相反。中心射影中的射影中心是一个普通（有限）点。——原注

平行于边 a'，b 和 c 分别与 b' 和 c' 平行。所以，这些线对的交点将退到无穷远，它们在那里位于一条直线——无穷远线之上！无论我们费多大气力去寻找一种笛沙格定理无效的情况，我们注定会徒劳而无功；无穷远处的线和点保证了这一定理在所有情况下都有效。

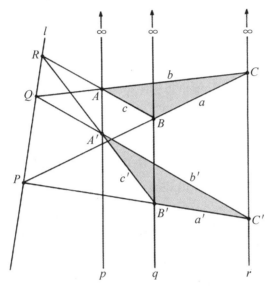

图 15.5　笛沙格定理：平行的情况。

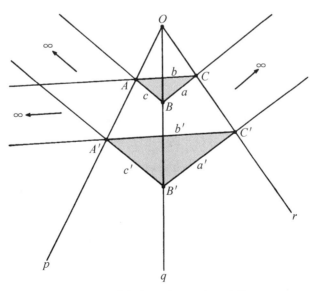

图 15.6　笛沙格定理：相似三角形的情况。

那么,如果我们实现笛沙格定理的对偶化,将会发生什么呢? 根据对偶原理,这将给我们另一个有效的定理:

如果两个三角形 ABC 和 $A'B'C'$ 的放置使点 aa', bb' 和 cc' 共线,那么直线 AA', BB' 和 CC' 共点。

然而,这个新定理只是原定理精确的逆命题。这就是说,仅仅通过互换笛沙格定理中"点"和"直线"二词的位置,我们便得到了一个新定理。其中的前提和结论分别是原定理的结论和前提。在普通几何学中,极少出现这种仅仅换一下词,便可得到一个定理及其逆定理并得出证明的情况,但在这里确实是这样。

笛沙格定理的另外一个方面值得一提。如果我们再看一看图 15.4,我们看到它涉及 10 个点(点 O, A, B, C, A', B', C', P, Q 和 R, 其中后三个分别代表 aa', bb' 和 cc')和 10 条线(l, a, b, c, a', b', c', p, q 和 r, 其中后三个分别代表 AA', BB' 和 CC'),所以,点和直线的数目相等。从对偶原理的角度讲,这当然并不令人意外。但是,令人吃惊的是,所有 10 个点和所有 10 条直线彼此完全等价:每个点都能扮演其他点的角色,直线也是如此。例如,我们可以把 R 看成是射影的出发点,这样一来,三角形 QAA' 被投射到 PBB' 上,而点 O ($=pq$), C ($=ab$) 和 C' ($=a'b'$) 都位于一条直线(直线 r)上。因为在笛沙格构形中三条直线经过每个点,而三个点位于每条直线上,所以,总共有 120 种不同的方法排列这些点和直线,而且对所有的排列方式来说,原命题及其逆命题都将有效![1]

射影几何学有很多关于点和直线的优美定理,而且在很多老式几何书籍中,我们可以找到一些被垂线整齐分开的书页,在这些书页中,一个命题及其对偶隔着该直线并排出现。但是射影几何学不仅仅使数学增添了几分优雅,它还消除了自欧几里得以来点在几何学中一直占据的崇高地位。欧几里得在他于公元前 3 世纪写于亚历山大里城的伟大著作《几

---

[1] 作为一个附带的优点,笛沙格定理还解决了一个古老的谜题:如何把十棵树栽成十行,每行三棵树。我们可能想到,为了做到这一点,必须知道在非常远的地方——无穷远处发生的事情! ——原注

何原本》中,把当时所知的全部几何知识汇编成十三卷。这部不朽著作不仅包括了我们在学校所学几何中的绝大部分内容,而且还包括立体几何和数论中的课题,它构成了其后两千年间几何学的坚实基础①。《几何原本》的第一句话就是给点下定义:"**点是没有部分的东西。**"然后,在把线定义为"**没有宽度的长度**"之后,给出了直线的定义:"**直线是一条由点均匀位于其上的线。**"所以,直线的定义依赖于点的定义。直线是由点组成的这个观念,深深根植于我们的几何学直觉,似乎从未有人质疑过它。射影几何学通过对偶原理消除了这一观念:它把点和线放在了相等的基础之上,所以点和线都可被认为是几何学的其余部分赖以建立的基本构件②。因此,通过断绝了与传统的关系,射影几何把它自己从希腊古典主义者的权威中解放出来,从而为大量新发现打开了大门;这些新发现极大地丰富了数学,并且对其以后的进程产生了很大的影响。但是,如果我们不从一开始就引入无穷远点和线的话,所有这些可能都不会发生,因为正是这两个成分,使射影几何学实现了其统一目标。

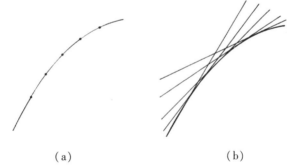

(a)   (b)

图 15.7 对一条曲线的对偶解释:(a) 作为该曲线上的点集;(b) 作为与该曲线相切的直线的集合。

---

① 伊夫斯(Howard Eves)在他的《数学史导论》(*Introduction to the History of Mathematics*)一书中这样评价《几何原本》:"除了圣经之外,没有任何著作曾被这样广泛地使用、编辑或研究过,而且很可能没有任何著作像它这样对科学思想产生如此大的影响。"我们在下一章还要谈论这部著作。——原注

② 这种对偶解释的一个例子如图 15.7 所示:其中曲线被看成是位于其上的点集(a)或者是与之相切的直线的集合(b)。——原注

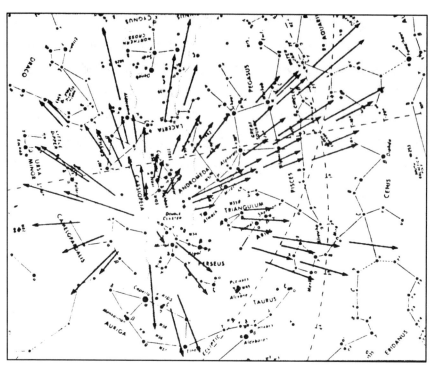

图 15.8　流星雨:流星好像是从天空中的某个点发出的——尽管它们的路线是平行的。这个点称为辐射点,是一个没影点——一个无穷远点。经 Sky Publishing Corporation 允许摘自 *Sky & Telescope*(1980 年 12 月),Ken Hodonsky 插图。

第16章　对绝对真理的徒劳搜寻

像直线一样,爱也是倾斜的,

它们自己能够在每个角度相交。

但我们的爱确实是平行的,

尽管无限,却永不相交。

——马弗尔(Andrew Marvell),

摘自《爱的定义》(*The Definition of Love*)

如果说射影几何学通过它的对偶原理,从美学方面极大地丰富了数学,那么,非欧几何学的创立对我们整个科学和哲学思想产生了前所未有的智力冲击。它标志着自欧几里得时代以来对我们基本数学前提有效性的首次严重的怀疑;它动摇了数学有能力给我们指出一条通向最终和绝对真理的道路这一信念;而且,它使我们全面审视了我们理解我们生活的物质世界的能力。这种重新审视的后果远远超出数学的范围,它最终产生了相对论,并且促进了我们现代宇宙观的形成。引发这场智力革命的火花还是无穷大;更准确地说是这样一个问题:非常遥远的平行线发生了什么?

欧几里得几何学的整个体系建立在十个公设或公理的基础之上,欧几里得认为这些公设或公理是自明的,它们是那样的清楚和毫无疑问,以至于无需进行证明①。这些公设中的第五个是：

　　当两条直线同一直线相交时，如果在某同一侧的两内角之

和小于两直角和，则两条直线无限延长，必定在这一侧相交。

　　这个称为平行公设（或简单地称为第五公设）的公理，正是我们将要探讨的问题的核心。实质上，它为同一平面上的两条直线相交规定了条件，并且含蓄地规定了两条直线平行的条件（图16.1）。

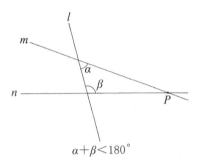

$$\alpha+\beta<180°$$

图 16.1　平行公设：欧几里得的表述。

　　如上所述，这个公理的原有表述与我们在学校学到的更熟悉的表述有着相当大的差别：

　　假设有一条直线 l 和一个不在 l 上的点 P。那么在 P 和 l

的平面上有且只有一条直线 m 过 P 且与 l 平行。

　　这种表述（图16.2）由苏格兰数学家普莱费尔（John Playfair）提出，他证明这种表述等价于欧几里得的表述。但是，尽管这两种表述等价（即任一个都可以从另一个推导出来），它们在对我们直觉的吸引力方面略有不同：欧几里得的表述没有提到平行性的概念——它只是规定了两条直线相交的条件，而普莱费尔的表述明确谈到了平行线，即在同一平面上不

---

①　在《几何原本》中，这十个公设被分成两组：前五个研究几何概念，且被称为"公设"；而其余的五个是算术命题，而且被称为"共同观念"，现在还不完全清楚为什么欧几里得这样区分它们，但是无论如何，我们将按照现代的做法，把所有十个命题都看成是公设或公理。——原注

相交的直线①。

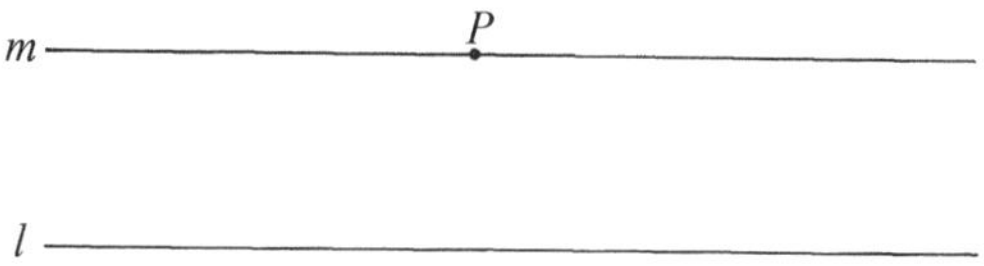

$$m \quad\rule{3cm}{0.4pt}\overset{P}{\bullet}\rule{3cm}{0.4pt}$$

$$l \quad\rule{6cm}{0.4pt}$$

图 16.2 平行公设:普莱费尔的表述。

在欧几里得时代之后两千年的历程中,平行公设呈现出某种神话特征。一代又一代的数学家与其展开过斗争,试图把它变换成各种等价形式,并且也许希望从更基本的原理出发对其进行推导。正如我们将要看到的那样,所有这些尝试都失败了。但是,为什么要把这个公理同其他九个公理分离开呢?为什么它吸引了这么多的注意力呢?为了回答这个问题,我们必须更详尽地看一看几何学和数学的逻辑结构。

经典几何学的整个结构以及它关于我们周围各种图形和形状的各种定理,都建立在欧几里得《几何原本》开头所说的十个公理基础之上。这些公理逐渐被认为是所有数学的基石———一个无可辩驳的绝对真理体系。而且,如果必须寻找证明其正确性的证据,我们生活在其中的物质世界就已经提供了充分证据。例如,经验告诉我们:我们能用一条而且只有一条直线连接两个点(例如一根绷紧的弦),这是欧几里得第一公理的实质。一条直线能够向两个方向无限延长(第二公理)或者所有的直角都彼此相等(第四公理)。我们必须牢记,希腊几何学不是在学者们头脑中的某个地方创造出来的一门抽象科学,相反,它的概念来自我们周围的物质世界。所以,一个点被认为是由铅笔在纸上画的一个圆点的一种理想化的变体,一条直线是无穷延长的理想直尺,而直角则是铅垂线与地面间的夹角。因而,直到 18 世纪,希腊人和他们的追随者都把欧几里得公理的正确性看成是理所当然的,这也一点不令人吃惊。

———————————

① 这句"同一个平面上的直线"是必要的,因为空间中的两条直线可能彼此横跨而不曾相遇,因此并不平行。例如一条路会在另外一条路下面通过,这种线称为偏斜线。——原注

然而,还是有一些瑕疵。不知何故,一些数学家觉得平行公设不像其余九个公理那样不证自明,其理由在于平行线的定义:**即使无限延长**也不会相交的线。但是,我们怎么能够确信非常远(无穷远)的地方某件事会不会发生呢?由我们日常经验支持的直觉,的确告诉我们情况应该如此。然而,数学的哲学本身要求对真实性不是显而易见的任何断言提供证明。这就意味着每一个这样的断言都必须通过一个纯逻辑的演绎(即借助没有任何"物质"条件的论证),从以前已被证明过的其他断言中推演出来。当然,我们必须从某个地方开始,否则,数学证明就会变成一种无限回归。换句话说,我们必须确定什么可被认为是理所当然的以及什么不可被认为是理所当然的。前一种形式的断言是**公理**或**公设**;后一种是**定理**或**命题**。自从公元前 6 世纪希腊数学开始演化成公理科学以来,这一准则一直得到严格而教条的遵守:我们同意一套不证自明的假定,并且借助一连串的逻辑论证推导整个结构。正是这一准则给数学以演绎学科的特点。

当然,一个理论的力量不在于它的假设,而在于它的结论。一开始就假设太多的理论,不大可能会在科学家中赢得广泛的重视。所以说,数学家有责任把某个理论中的公理数目减至最少,从而消除所有的多余公理,只剩下那些绝对必要的。多余公理是那些可以从其他公理中推导出的,并因此被认为是定理的公理。另一方面,一个真正的公理在逻辑方面不依赖于其他所有公理;它既无法被证明,也无法被否定。

到 17 世纪末期,有几位数学家开始怀疑平行公设实际上是多余的。并不是有人真的怀疑这个公设的有效性,而是感到它可能可以从其他九个公理中推导而来。如果这被证明是真的,那么公理的数目将会减少,而且几何学的逻辑结构和美学魅力会得到极大提高。在接下来的几个世纪中,人们进行了大量尝试,目的是对平行公设的种种等价说法进行证明。但是,所有的尝试都失败了。

这些尝试中,有一个尤其值得一提。意大利的耶稣会教士萨开里(Girolamo Saccheri)决定使用所谓的"间接"证明方法攻克这一难题。为了证明一个给定命题,我们暂且假定该命题是错误的,因而,它的否定是正确的。然后,我们接着证明这个假定将产生一个矛盾。因此其否定是错误的,而原命题必然是正确的。必须指出的是,一般来讲数学家不会喜欢这种证明。只要有可能,他们更喜欢直接证明,也就是,从正面建立命题正确性的一种证明。然而,在有些情况下得到直接证明非常困难,也正是在这种情况下我们必须像萨开里那样求助于间接方法。

　　普莱费尔版本的平行公设表明,通过一条给定直线之外的一个点有且只有一条直线与该直线平行。因此,这个语句的否定必然意味着两种可能性中的一种:或者是通过一个给定直线外的点**不存在**与该直线平行的直线,或者是有**不止一条**这种平行线。萨开里推测,如果他能够证明任何一种可能性,都会导致与其他九个公理的矛盾,那么两种可能中必然有一种是假的,而且平行公设的真实性将借此得以证明。必须再次强调:我们不关心平行公设在物质世界是真还是假,我们只关心它与其他九个欧几里得公理的**逻辑**一致性。所以说,我们所说的"真实性"并不是指物理的真实性,而是逻辑的真实性。

　　按照这种推理思路,萨开里能够证明第一种情况(不存在给定直线的平行线)确实与欧几里得其他公理的矛盾。因此,他排除了第一种候选方案。然而,第二种候选方案没有产生任何矛盾,相反的是,它却产生了一系列奇怪的结果——对我们的常识来说很奇怪。例如,三角形内角之和变得**小于** $180°$,而且这个和还与三角形的大小有关。(在普通几何学中,这个和当然等于 $180°$,而且与三角形的大小无关。)这些奇怪的结果足以使萨开里相信,他确实发现了能够用来证明第五公设的矛盾。1733 年,他在《欧几里得无懈可击》(*Euclid Vindicated from All Defects*)一书中发表了他的研究结果。后来的历史进展表明,他既对也错:他的方法是对的,而他的结论是错误的。如果他不那么急于"证实"欧几里得的"正确",那么创立非欧几何学的人将是他。不幸的是萨开里生活的时代还不具备产生重大发现的条件。一百年之后,这种重大发现动摇了数学的基础,他的工作很快就被人们遗忘了。

　　第一个具备从这些发展中得出正确结论所需心智能力的人是高斯。被公认为"数学王子"的高斯,在很小的时候就表现出惊人的数学才能。他在会读或写之前就掌握了计算技巧,而且,传说他三岁的时候就在他父亲的簿记中发现了一处错误。还有一个著名故事是关于年仅十岁的高斯的：当老师让他算出从 1 到 100 的整数的和时，他几乎马上给出了正确答案 5050。面对老师的惊异，高斯解释说他已经注意到，先把和写成 1+2+3+…+99+100，然后再写成 100+99+…+3+2+1，之后把这两行加起来，每一对数加起来都等于 101。因为有 100 个这样的对子，所以两行之和为 100×101 或 10 100，而每一行的和是它的一半，即 5050。

但是，高斯事业的真正转折点发生在他 18 岁的时候，在那一年他证明使用直尺和圆规便可画出有 17 条边的正多边形。自希腊时代以来，已知可以这种方式构造的正多边形仅有等边三角形、正方形、正五边形和正十五边形，以及通过将边数加倍而推导出来的正多边形。在这些图形中，只有三角形和正五边形的边数是素数。高斯证明边数为素数的正多边形能够使用直尺和圆规画出——只要这个素数的形式为 $N=2^{2^n}+1$，其中 n 为非负整数。对于 $n=0,1,2,3$ 和 4，我们分别得到 $N=3,4,17,257$ 和 65 537（都是素数）[1]。这就是说，高斯在古人已知的那些可画出的多边形中，又增加了三个古人未知的多边形，即有 17,257 和 65 537 条边的正多边形。高斯对自己的成就引以为豪，他要求仿效雅各布·伯努利的对数螺线[2]，在他的墓碑上雕刻一个正十七边形。然而，更重要的是：这项成就使高斯选定数学为职业；在这之前他还曾认真考虑要当一个语言学家。他后来对数学的贡献非常巨大，涉及数论、代数、天体力学及复变函数论（参变量形式为 $x+iy$ 的函数，其中 x 和 y 是实数，$i^2=-1$）的每一个领域。他首次完整而正

---

① 法国伟大的数学家费马（Pierre de Fermat）猜想：对于 n 的每一个非负整数值，公式 $N=2^{2^n}+1$ 都产生素数。正如我们刚才看到的那样，对于 $n=0,1,2,3$ 和 4 来说，这是真的。但是在 1732 年，欧拉证明当 $n=5$ 时，我们得到合数 4 294 967 297 = 641 × 6 700 417，从而推翻了费马猜想。迄今不知道该公式是否还产生任何其他的素数。所以可能会出现这种情况：存在一些可使用直尺和圆规作出的正多边形，只是未被发现而已。但是，如果真有这种多边形，它们的边数一定非常大（例如合数 $2^{2^6}+1$ 等于 18 446 744 073 709 551 617），所以要想实际画出这种多边形是根本不可能的。

　　汪泽尔在 1837 年证明，只有这种形式的素数是可以作图的素数，所以说高斯发现的条件既必要又充分。——原注

② 尽管他的愿望并未实现，但是在位于高斯的家乡——德国不伦瑞克的高斯纪念碑的底座上，刻有一个正十七边形。——原注

确地证明了代数基本定理。该定理表明：每一个具有复系数的多项式都有至少一个复根。而且，他在物理学方面做了大量的研究工作。他在电磁学方面成绩尤其显著，磁场的基本单位就是以他的名字命名的。

15岁那年，高斯的注意力首次转向了平行公设。与他之前的所有其他人一样，他刚开始时试图从其他的欧几里得公理证明这个公设，但是，他与他的前辈一样失败了。然后，他开始怀疑平行公设可能独立于其他公理，所以无法用它们证明。但是，如果真的如此，那么人们就能够用一个**矛盾的**公设代替平行公设，而不像以前曾经做的那样使用等价公设来代替平行公设，但仍然能够得到逻辑上一致的几何学。换句话说，高斯认识到人们选择这组公理作为数学结构的根基，在某种意义上是任意的；如果改变这些公理中的一个或多个，那么，将出现一个不同的结构。新结构是否与"真实的"物质世界相符无关紧要，重要的只是逻辑的一致性。正是因为不能区分这两个问题，所以阻碍了以前所有证明第五公设的尝试。

现在，任何一个获得影响如此深远结论的学者，都会马上发表这些结论并且把这一发现归功于自己。高斯没有这样做！他有一个不寻常的性格，就是不发表他的任何成果，除非他毫无疑问地确信其正确性。在这种情况下，虽然他正确地解释了证明第五公设的失败原因，但他从未发表他的结论，他害怕别人不接受这些结论，而且担心这些结论甚至会遭到他同事的嘲笑。这样就出现了两个当时还不太知名的数学家，把现在称为非欧几何学的发现单独归功于自己。他们是俄国人罗巴切夫斯基（Nicolai Ivanovitch Lobachevsky）和匈牙利人鲍耶（Janos Bolyai）。

高斯、罗巴切夫斯基和鲍耶的新几何学以这样一种假设为基础：经过不在直线 l 上的一点 P，**至少有两条直线** m 和 n（在 P 和 l 的平面上）不与 l 相交（图16.3）。换句话说，经过不在一条给定直线上的一个点，有至少两条直线与给定直线平行。人们可以很容易地证明：这一假定意味着，经过 P 有**无数条** l 的平行线，即图16.3中在 m 和 n 之间能够画出的所有直线。这就是三位数学家决定用来代替欧几里得平行公设的公理；其他九条公理保持不变。他们的几何学称为**双曲几何学**，包括能够从这个新的平行公设及其他九条欧几里得公理中推导出来的、有关二维和三维对象的所有定理。这些定理中有很多与欧几里得几何学中的相应定理是一样的——所有这些定理的证明均不依赖平行公设。但是,其他定理与它们在欧几里得几何学中的定理有着明显的差别。例如,任何三角形的内角和总是小于180°,而普通几何学中这个和等于180°。更令人难以置信的是,三角形的内角和与三角形的大小有关:三角形尺寸越大,其内角和越小。难怪萨开里拒绝这种奇怪的结果,它们的奇异性本身就使他确信,它们一定是错误的。

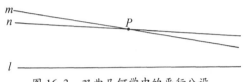

图 16.3 双曲几何学中的平行公设。

我们前面讲过,萨开里曾仔细研究过欧几里得平行公设的两种可能替代方案——经过给定直线外一点没有任何平行线,以及有不止一条这种平行线——并且发现第一种方案与其余的九条公理矛盾。但是在这些公理之中,除第五条之外,还有另外一条间接地涉及无穷大。这就是第二公理,即一条直线可以向两个方向无限延长(原来的表述是"在一条直线上连续生成有限的直线")。一旦人们接受了用一种替代公理取代第五公设的可能性,第二公理不久也受到了严格的审查。德国数学家黎曼(Bernard Riemann)首先用一条公理(即直线是无界的)代替了第二公理,"无限性"与"无界性"之间的区别很关键;例如,球的表面有限,然而却是无界的。黎曼的论证与之前高斯的论证一样,其关键在于指出我们的感官能力无法超越有限:我们完全不知道在无穷远处发生了什么。

由于黎曼使用直线的无界性代替了其无限性,所以他能够借助萨开里两种替代方案中的第一个(即萨开里发现与欧几里得其他公理不一致的那一个)取代平行公设。在黎曼几何学中,经过给定直线之外的一个点,**不存在**该直线的平行线①。

① 从这一点可清楚地看出萨开里在为欧几里得辩护时,他已经暗中假定了直线的无限范围,尽管他可能没有意识到这一点。——原注

以黎曼的两个假定和欧几里得其他公理为基础的几何学被称为**椭圆几何学**。正如双曲几何学一样,椭圆几何学的一些定理也与欧几里得几何学的相应定理相同,然而,其他的定理与欧几里得几何学的定理却差别巨大。例如,三角形的内角和总是**大于**180°,而且要视三角形的大小而定。此外,任何两个相似三角形也一定全等;也就是说,如果它们形状相同,那么它们的大小也相同。

当然,我们已习惯于欧几里得几何学规则的"常识",难以接受这些定理的正确性。实际上,对新几何学的最初反应就是怀疑。数学家愿意承认它们的逻辑一致性,但是,继续认为它们仅仅是古怪的事物,而与真实世界没有任何关系。为了加速对它们的认可,人们发明了几个模型。其中的一个模型是由克莱茵(Felix Klein)发明的,如图16.4所示。假设整个宇宙被限制在一个圆的内部。"点"和"线"的概念用通常方式解释,但是我们只考虑圆内的点和线段——外边的任何东西都是"不存在的"。那么,这一点非常清楚:经过一个点 P 有无限多条给定直线 l 的"平行"线,即处于图 16.5 中∠MPN

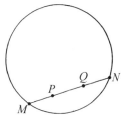

图 16.4　非欧几何学中的克莱茵模型。

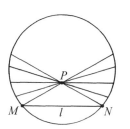

图 16.5　克莱茵模型:经过 P 有无穷多条与 MN"平行"的线。

之外的所有线。(这是因为这些线中没有一条在圆内与 l 相交。)所以,在克莱茵模型中,双曲几何学的平行公设实际上也适用,而其他的欧几里得公理保留了其有效性。诚然,欧几里得第二公理,断言直线的无限性似乎被违背了。但是请记住,我们把整个宇宙都限制在圆的内部,所以无限地延长一条直线是没有意义的(在欧几里得意义上)。然而,我们可以向克莱茵模型引入距离的概念,并且规定当我们逼近边界时距离变得无穷远。不用说,这种"距离"与我们在日常生活中使用的一般的欧几里得距离大不一样,但是,它能完全具备与距离概念相关的所有性质①。

双曲几何学的另一个模型是由庞加莱提出的。这个模型与克莱茵模型相似,只是用以直角与边界圆相交的圆弧取代了直线段(图 16.6)。我们可以再次用这种方式定义模型中的距离概念,使任何内点到边界的距离变成无穷大——这个宇宙中的居民永远也不能到达这个边界。庞加莱模型近来以一种意想不到的方式变得很有名:荷兰艺术家埃舍尔深受这种不寻常的性质激励,他使用这个模型作为他最优美的作品之一——《圆的极限Ⅲ》——的框架。

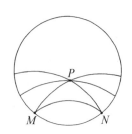

图 16.6　庞加莱模型,后来被埃舍尔用在他的《圆的极限Ⅲ》中。

不过,尽管这种模型可能有助于解释非欧几何学的逻辑一致性,它们在某种程度上是人工的——它们与我们所处的真实物质世界关系不大。然而,有一个我们大家很熟悉的非欧几何学模型,这就是我们的地球。在以后的篇章中,我们将假定地球是一个完美的球面,而且其居民是一些只能沿两个方向(前后和左右)移动的原始生物。对这些生物来说,世界是二维的:只有长和宽,没有高。

我们原始生物的"直线"是什么意思呢?当然,在我们通过词语所描述的事物的性质赋予其意义之前,词语本身没有多大意义。**我们**这些三维生物说一条直线连接两个点时,指的是什么呢?我们是说连接两点的路线可能有最短的距离。我们可以通过一根伸展的橡皮筋将两个点连接

---

① 公式 $d_{PQ} = \log(QM/QN)/(PM/PN)$ 给出了这个距离,其中 log 表示"对数",M 和 N 是经过 P 和 Q 的线段的端点(图 16.4),而 QM,QN,PM 和 PN 表示各条线段的普通长度。借助对数的性质,我们可以证明,随着 P 逼近 M(即 $PM \to 0$),d_{PQ} 变成无穷大;当 Q 逼近 N 时,也会出现相同的情况,而且这个公式遵循距离的可加性:如果 P,Q 和 R 是一条直线上的三个点,那么 $d_{PQ} + d_{QR} = d_{PR}$。这是从对数函数化积为和这一事实得出的。比例 $(QM/QN)/(PM/PN)$(实际上是比例的比例)叫做点 M、N、P 和 Q 的交比,并且在射影几何学中起着非常重要的作用。——原注

起来说明这个问题:只要橡皮筋全部在一个平面上,那么它将成为一条直线。现在假设我们**不**在一个平面上,假设我们被约束在某个三维固体的曲面上(例如球体的表面),那么,在**该表面上**(表面下不允许有地道)两点间的最短路线是什么呢?答案是连接这两点的

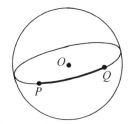

图 16.7　一个大圆:球面上两点间的最短距离。

大圆的一段弧(图 16.7)。大圆是一个把球体分割成两个相等半球的圆,所以它与球体同心。大圆的实例有经度圈(子午线)和赤道。现在让我们把这些大圆看成是球面上的直线。实际上,对于我们的二维生物来说,大圆**就是**它们世界的直线①。

　　现在我们设想,我们的生物决定动身探索它们的世界,就像 15 和 16 世纪的探险家那样远渡重洋,前往遥远的未知大陆。它们将很自然地沿着一条在它们看来是直线(实际上是大圆的一段弧)的路走下去,因为这将带领它们沿最短的路径,因而也花最少的时间到达目的地。它们的航行刚开始时会把它们带离家乡越来越远,但是,它们终有一天会发现它们所到达的陆地有点儿眼熟:令它们难以置信的是,它们将会到达自己出发的港口——尽管是从"错误的"方向。它们在不知不觉中已经绕着自己的星球转了一圈——尽管它们严格地沿着一条直线行进!

　　因此,欧几里得第二公理在球面上并不适用:直线无界但有限。平行公设继续有效吗?有可能经过一条给定直线外的一点画一条该直线的平行线吗?为了回答这个问题,让我们把任何大圆(例如赤道)看成是一条直线,该直线的平行线只意味着经过赤道之外的一个点可以画出一条从不与赤道相交的另外一个大圆。但是,从球面几何学我们知道,两个大圆**总能**相交;事实上,它们在球面上正好相对的两个点或对径点(例如南极和北极)处相交(图 16.8)。所以,我们被迫得出结论:在球面上不存在平

----

① 更一般地说,任何给定曲面上的最短路线称为该曲面的测地线。——原注

行线!①

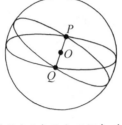

图 16.8　两个对径点(球面上正好相对的两个点)在椭
圆几何学中被看成一个单个点。

　　由此可见,在球面上,欧几里得第二公理和平行公设都不适用。事实
上,真正适用的条件确切地说是黎曼为他的椭圆几何学假定的那些条件。
但是,在我们宣布球形是椭圆几何学的适当模型之前,我们必须再做一个
观察。欧几里得**第一公理**说,经过两个不同点有且仅有一条直线。但是
正如我们刚才看到的那样,两个大圆总是在一对对径点处相交。所以,经
过每一对对径点有不止一条"直线"经过——事实上有无穷多条,正如子
午线实例所说明的那样。对于所有的其他点来说,这个公理仍然是正确
的,因为通过对径点之外的任何一对点有且只有一个大圆的一段弧经过。
现在这对数学家来说是一个完美的情况。为了避免因为使某些公理存在

---

① 　地图学中使用平行线(parallel)一词表示纬线,是语言中词不达意的一种表现。
纬线从来不会相交,这是真的;但是,除了赤道之外,它们中没有一个是大圆,所
以不能被认为是地球上的直线。对很多人来说,纬线不是两点之间的最短距离
这一事实,常常会引起困惑。毫无疑问,这是因为我们中的大多数人都习惯于把
世界看成墨卡托地图所描绘的样子。正如我们以前讲过的那样,这幅地图把纬
线看成是与赤道平行的水平直线,而大圆则画成弯曲的路线,这样一来,洛杉矶
与东京这两个纬度基本相同(分别为 34° 和 36°)的城市间的大圆航线急剧地向
北弯曲,而且在其最北端到达北纬 48°,竟然错过了阿留申群岛。一天,在从伦敦
飞往芝加哥的飞机上,我有过一次难忘的经历:我看到了格陵兰岛的最南端就在
我的脚下,它的峡湾和冰山在八月的阳光照耀下闪闪发光。后来我在地球仪上
核对了我们的航线,令我吃惊的是,两个城市之间的大圆向北扩展了很远。实际
上我们的飞行员让我们乘坐的 747 在大圆航线以北更远的地方飞行,显然是为
了利用这些高纬度上的有利信风。——原注

例外情况而影响我们理论的普遍性,我们只需同意把任意一对对径点看成是一个**单个点**。这看似奇怪,但它并非一个新想法。我们在定义射影几何学中的无穷远点和反演几何学中的单个点时,使用了类似策略。只要一个新概念很好地解决了问题,而且不与以前定义过的任何概念相抵触,我们就能任意地把它纳入我们的理论中。有了这个共识,我们现在可以说球面——也就是说地球表面,从它近似于一个球面这个意义上讲——是椭圆几何学的一个模型。实际上,这种几何学里的一些"奇怪的"定理在我们的模型中变得十分显然——例如,三角形的内角和总超过180°这一事实(图16.9)。

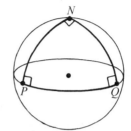

图 16.9　球面三角形的内角和总是大于180°。

　　高斯、罗巴切夫斯基和鲍耶的双曲几何学也存在类似的模型,其中与一条给定"直线"平行的直线有**无穷多条**。(这里的"直线"还是指给定球面上两点之间的最短路线)这些模型中的一个(即所谓的伪球面)如图16.10所示。但是为什么我们把它们称为"模型",而不是非欧几何学规律适用的实际空间呢?因为我们是三维生物,我们可以在任何方向上移动——包括上和下。我们能够从三维的有利地位观察我们的二维生物,所以能够根据我们普通的三维欧几里得几何学解释它们的二维球面几何学。事实上,有一个称为球面三角学的数学分支,研究球面上的三角形和其他形状的性质(这个话题有很强的专业性,在测量学和航海课程中有研究这门学科)。借助于球面三角学,我们可以从普通立体几何学的性质推导出球面的所有性质。换句话说,二维椭圆几何学的公理变成了三维欧几里得几何学中的**定理**。但是,不管我们人类具有什么样的三维特权,我们的二维生物是得不到这些特权的。根据它们的知识和经验,**只存在二维**。如果一个来自第三维的陌生人说它们的直线其实是圆,那么它们将感到十分困惑,因为一个圆必须有一个圆心,而所有大圆的公共圆心位于球的中心,那是它们永远也无法到达的地方。所以在它们看来,它们生活在一个非欧几何学规律盛行的二维世界里。这就是我们说的**球体的表面是非欧几里得椭圆平面的欧几里得模型**的确切含义。

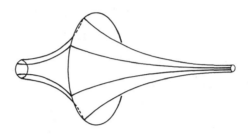

图 16.10　曳物面,这个曲面是双曲几何学的一个模型,因为在它上面,任何给定直线都有无限多条平行线。这个曲面还称为伪球面,它与球面共有的性质是,它在任何地方都有相同的曲率:对球面来说,这个常曲率是正的;而对曳物面来说,这个常曲率是负的。

　　不过数学很少完全脱离物质环境,它以直接或间接方式,从我们所处的真实宇宙中推导它的概念①。在非欧几何学的逻辑完全性得到承认之后,便产生了一个问题:它是否与我们周围的物质世界有某种关系? 更具体地说:大尺度的物理空间有没有可能遵循非欧几何学规律?

　　反对这种情况的可能性的意见似乎确实是压倒性的。我们日常经验中的每种事情都暗示,物理空间是欧几里得几何的,毕竟我们的技术成就都是以欧几里得几何学为基础的,而且这个事实本身就已经彻底地解决了这

---

① 无可否认,关于这件事情有两个对立的思想派别。一个派别由"纯粹的"数学家组成,那些选择这个职业只是为了追求它所提供的智力满足的人;另一个是"应用"派别,其成员主要关心数学在科学和技术中的应用。第一个派别坚持认为,数学没必要与物理世界联系起来。(有些人甚至走得更远,宣称数学离实际应用越远,对这个专业就越好!)按照这个派别的观点,数学家可以自由地建立他或她自己的"真实"世界,只要在逻辑上一致(即没有内部矛盾)就行。非欧几何学因其理智的、几乎完全超脱的态度,被看作是纯粹数学的缩影。罗巴切夫斯基本人在他 1829 年发表的划时代的论文中称他的新几何学为"虚构的",意思是说它可被看成一门纯粹逻辑的、公理化的学科,而不是对物理空间的描述。相反,微积分学的发明则是应用数学的巨大成就,因为它直接响应了物理学和天文学的新发现。——原注

个问题。但是,我们的经验毕竟局限于我们周围的世界;我们没有任何直接方法去了解宇宙深处发生了什么。高斯本人在给友人舒马赫的信中表达了这一思想:"有限的人无法宣称他能够把无穷大看成是借助普通观察方法就能掌握的东西。"高斯是一位物理学家和数学家,他是非常少的几个既精通理论又精通实践的现代科学家之一,因此他不会忘记他的非欧几何学观点在物理学方面会有奇妙的应用。于是他决定通过实验解决这个问题。

诚然,直接确定三个平行公设中的哪一个是正确的是完全没有希望的(从物理学角度讲),因为我们不能走到无穷远处并确定平行线是不是相交。但是,我们能够使用由于接受各种平行公理中的某一个而产生的某些定理。例如,我们已经看到三角形的内角和在高斯的双曲几何学中总是小于 180°,而在黎曼的椭圆几何学中总是大于 180°。(当然,在欧几里得几何学中它**等于** 180°。)所以,通过测量非常大的三角形的角,我们就有可能确定这三种情况中的哪一个实际上在起作用。高斯曾试图那么做。他在三个相距相当远的山顶上安排了测量员,并让他们测量他们视线之间的角,结果令人失望:角的和几乎正好等于 180°,对这个值的任何偏差全都在测量仪器的精度范围之内。所以,这个实验什么问题也没有解决。高斯很快就认识到,借助地球上的实验解决这一问题的任何尝试都是没有价值的,只有天文规模的距离才可能有成功的希望,而且当时天文仪器的精度和范围还远远不足以完成这种任务①。

---

① 应该清楚地认识到,这个问题并不是在把地球看成椭圆几何学的一个模型时,来确认地球球面的非欧几里得性质——在这一点上没有任何争论——而是为了检验三维物理空间的性质。

必须指出的是,当涉及的图形很小时,三种几何学——平面(欧几里得)几何学、椭圆几何学和双曲几何学——几乎是一致的。例如,尽管球面三角形的内角和总是大于 180°,但当这个三角形逐渐缩小到接近零时,其内角和接近 180°。因为在日常生活中我们很少意识到地球的球形,所以,欧几里得几何学在那么多年里一直作为我们物理世界的唯一正确的几何学在起作用,这一事实并不令人吃惊。希腊的古典主义者在欧几里得几何学的基础上建立了数学科学,这是他们心智洞察力的充分体现。尽管他们之中有人曾经怀疑地球可能是圆的,但是从实用方面讲,他们的世界是平的,他们创造的几何学类型正好用于描述那个世界。——原注这个问题的最终定论还要再等待一个世纪。1916年,一个当时年轻的、还不太知名的物理学家发表了一个新的万有引力理论,其中的空间和时间被统一到一个四维整体之中。在他的理论中,直线被定义为光的路线,因为没有任何物质的速度能超越光速(光在真空中的速度约为300 000千米/秒),所以在这种时空宇宙中光线代表了两点("事件")之间的最短路线。而且,这个理论预言,光线在有强引力场(例如一个巨大星体所产生的引力场)的情况下应该弯曲。但是这就意味着时空被弯曲了——很像一个绷紧的薄膜在放上重物以后产生弯曲一样,而且,每一点上的曲率都与该点上引力场的强度有关。为了用数学方式描述这样一种四维弯曲空间,这个年轻物理学家便开始寻找非欧几何学的某种方法,他在黎曼几何学中找到了它:这种方法允许空间存在可变曲率。

这个新理论及其奇特的预言在科学界引起了很大争论,但是在1919年,检验这个理论的机会出现了。那一年的5月29日会出现日全食,考察队被派往巴西和非洲的西海岸拍摄这次日食。当把底片上的星体与半年以后(当然在晚上)拍摄的同一地区的天空进行比较时,人们发现视线非常靠近太阳的星体正好按照这个理论预测的幅度偏离了其正常位置。检验成功的消息迅速传遍全世界,并在一夜之间使这一理论的创始人举世闻名。他就是爱因斯坦(Albert Einstein),他的理论就是广义相对论①。

从那以后,广义相对论——实际上是引力的几何学理论——经受了最苛刻的检验(最近一次使用的是来自航天飞机的信号),而且它经受住了所有实验的考验。所以,可以说广义相对论是数学观念的最后胜利,这个数学观念在其萌芽阶段只不过是一个智力练习。然而,这一巨大胜利并不能使以下事实黯淡无光:非欧几何学首先还是一个数学理论。回顾起来,它最重要的成就并不是它在现代物理学中所起的中心作用,而是它将带来的智力突破。这种智力突破可以与三个世纪前的哥白尼革命相提并论。正如哥白尼移除了地球作为宇宙中心的崇高地位那样,高斯、黎曼

① 这一历史事件之后的引人注目的发展被描述过很多次,例如,可参见 Ronald W. Clark 的 *Einstein:The Life and Times*, Avon Books, New York, 1971。——原注

及其追随者移除了欧几里得空间在几何学中曾经起到的至高无上的作用。这种对比还可以更为深入。哥白尼认为整个宇宙都绕着一个叫做地球的小行星运行是不可思议的;高斯质疑我们对远离我们的几何空间的状况作出判断的权利。两场革命具有共同的根源——无穷大。与每一个新观点一样,两者刚开始都受到了怀疑和阻力,而且哥白尼还受到了公开的敌视。但是,它们一旦被接受,便可以改变历史进程。它们动摇了我们对科学有能力给我们指出一条通往最终和绝对真理这一信念,因为不存在这种真理。必须使用相对真理取代绝对真理;相对真理依赖于我们在开始时设定的前提。旅途已经开始,尽管在刚开始时非常缓慢而且难以察觉,但这个旅途在一个世纪以后产生了我们的现代宇宙观。

两条平行线

摩根斯坦(Christian Morgenstern)

两个相似的伟人,
从坚实的房间飞出;
飞向无限,
那是两个坚定的灵魂。

他们彼此不愿相近,
直至生命终结;
两人骄傲与专横,
虽然不易察觉。

当他们彼此相伴,
遨游十个光年;
对这对寂寞的伙伴,
尘世已无意义可言。

他们还是平行的吗?

他们自己也不知道；
他们像两个灵魂，
一起飞过永恒的光。

这永恒的光穿过他们的身躯，
他们在永恒的光中融为一体；
永恒使他们交织，
如同两个天使。

（王黎红　译）

第三篇　美学的无穷大

数学不仅拥有真理,而且还拥有至高的美——一种冷峻而严肃的美,就像雕塑品所具有的美一样……

——罗素

第17章 为无穷大而欣喜

啊！瞬间，一和无穷大！

——罗伯特·布朗宁(Robert Browning)，

《在炉边》(*By the Fireside*)

　　人类自远古以来就向往无穷大。已知最早通往无穷大的尝试发生在巴别，《圣经·创世记》说："他们说：'来吧，我们要建造一座城和一座塔，塔顶通天。'"他们的尝试注定要失败，因为上帝害怕他们的期望太高，所以"变乱他们的口音，使他们的言语，彼此不通"(《圣经·创世记》11：4)。自那以后，巴别塔就成了无穷大的象征——或者是人类试图到达无穷大的无效努力的象征。

　　人类由于不能实体上到达无穷大，所以转向内在，在精神上到达无穷大。各个时代的诗人、艺术家和哲学家都为之着迷；有的人害怕它，有的人以它为荣，但是却很少有人逃脱它那醉人的魅力。"那些无限空间里的无尽寂静使我感到恐惧"，数学家、物理学家和哲学家帕斯卡(Blaise Pascal)以他个人所特有的悲观世界观哀叹道。犹太哲学家布伯(Martin Buber)是那样地害怕无穷大,以至于他想以自杀来回避它:

> 有一种我无法理解的必要性萦绕在我心头:我必须一次又一次地尝试想象空间的边界或其无边无际,有一个开头和一个结尾的时间或者是没有头没有尾的时间,而且二者都是同样不可能的,同样无望……在一种无法抗拒的冲动下,我从一种不可能摇摇晃晃地走向另一种不可能,有时预感到几乎要发疯,以至于我曾十分认真地想过以自杀来回避它①。

与此相对照的是布莱克(William Blake)在《天真的预言》中的乐观诗行:

> 一颗沙粒见世界,
> 一朵野花见天国;
> 手掌能容纳无穷大,
> 一小时能容纳永恒。

而冯·席勒(Friedrich von Schiller)则以这段对无穷大的颂词结束了他对创造的赞歌:

> 你有帆也徒然——回来吧!前面的路是无穷远!
> 而你是徒劳的!——我身后的无穷远伸向这里!
> 合拢你疲劳的翅膀,
> 啊,思想,突然下落的鹰!——
> 啊,幻想,抛锚!——航行结束了:
> 创造,不切实际的水手,漂流不到任何彼岸!②

梵·高(Vincent van Gogh)谈到了"无穷大的迷惘"。他的传记作者斯科里拜勒(Henri Scrépel)写道:"从(法国南部)蒙马耶恩的岩石中,他发现的不是朦胧的北部平原及其模糊的轮廓,而是一个巨大的、无荫蔽的广阔区域,其中最微小的细节都可以辨认。'我在画无穷大',有一天他写道。他可以看到展现在他面前的无穷大;平原上的无限大,一直伸展到

---

① 见 Maurice Friedmann 的 *Martin Buber's Life and Work: The Early Years* 一书,E. P. Dutton. New York,1981。——原注

② 摘自 *The Greatness of Creation*,由 Sir Edward Bulwer Lytton 译自德语,Thomas Y. Crowell & Co. New York。——原注

目光所及的所有范围；田野、橄榄树、葡萄树和石头的无限小增生，地球表面上数不清的微小孔隙。"①

探险者也经历了这种对无穷大的迷恋——无穷大的广阔空间、人类还不曾涉足过的无垠陆地、自然力可以充分自由发挥的无边海洋。飞行员和水手奇切斯特（Francis Chichester）爵士描述了他开着他的小飞机飞往澳大利亚时的激动心情："上面是无限的空间，无穷的空旷，只有太阳在严酷地、永恒地照耀着……真是完全与世隔绝，真是荒凉之至！"②穆尔黑德（Alan Moorehead）在《库珀的小溪》（Cooper's Creek）中第一个描绘了澳大利亚中部尚未勘探的沙漠。他在讲述横穿澳洲大陆的伯克探险队的艰辛时说："他们是这个艰苦、冷漠国家的外乡人，身处无尽空间的牢笼之中"；无论他们何时转身，看到的只有"静静地向无穷远伸展的空旷土地"。对于一些人来说，无穷大具有一种治愈能力，可以把他们的心灵从日常生活的琐碎和烦恼中解脱出来。德国的撒哈拉沙漠探险家巴特（Heinrich Bart）说："我已经习惯了沙漠，习惯了无穷大的空间，在这里我不必为那些使人窒息的琐事而烦恼。"

用寂静来隐喻无穷大是作家们常使用的一个主题。出生于俄罗斯的法国艺术家坎金斯基（Wassily Kandinsky）说"异乎寻常的寂静就像一堵走向无穷大的、冰冷的、不可毁灭的墙"。英国物理学家廷德尔（John Tyndell）把人脑比喻成一个"具有某种音律范围的乐器，我们在超出这个范围的两个方向上得到无限的寂静"。当歌手轻轻地唱出 Ewig... ewig...（永恒……永恒……），音乐逐渐消逝，好像在预示着作曲家自己死亡，这时候，又有谁能对马勒（Gustav Mahler）的《爱之歌》（Das Lied von der Erde）最后几个音符无动于衷？

如果说寂静是无穷大的听觉比喻，那么蓝色则是无穷大的感官符号。英国艺术评论家拉斯金（John Ruskin）谈到了"距离的蓝色"。蓝色是西

---

① 摘自 Van Gogh，作者 Henri Scrépel，1972 年出版于巴黎。——原注

② 摘自 Francis Chichester 的 Solo Flight to Syclney 一书，Stein and Day，New York，1982。——原注

班牙艺术家米罗（Joan Miró）最喜欢的颜色；在《走向无穷大》（*Towards the Infinite*）中，他使用蓝色画出了无尽的空旷，一条细线向上疾驰，然后飞向无限远。毫无疑问，是天空的蓝色使人们联想起无限的空间。"广阔的天空和海洋容纳了人们通过某种无穷大释放精神渴望的需要"，这是最近一本关于颜色的书的作者在讨论"蓝色的无穷大"时说的一句话①。

现在让我们从这些一般性评论转向一些具体的例子，在这些例子中，无穷大的观念激励着艺术家创作出具有极高美学感染力的作品。

---

① *Color*，Donald Pavey 编辑。Marshall Editions Limited. London，1980。——原注

第18章　默比乌斯带

我认为以数学思想为基础发展一种艺术在很大程度上是可能的。

　　　　　　　　　　　　　　——比尔（Max Bill）

默比乌斯带的奇异性质一度是著名的数学珍宝,后来成了艺术家灵感的源泉;自从 1865 年被发现以来,它的特性曾经强烈地吸引住专业人士和外行。默比乌斯带的名称取自它的发明者——德国数学家与天文学家默比乌斯（August Ferclinard Möbius）,它是拓扑学这个全新数学分支的萌芽;拓扑学研究曲面在经历连续形变时那些保持不变的性质。

　　取一个图 18.1(a)所示的长方形纸带,把它弯起来形成一个环状的东西。如果你用一般方法使它弯曲,并且把 A 点与 B 点及 C 点与 D 点连接起来,得到的就是一个普通的环——一条圆形的、环状的带子,它有一个内面和一个外面[图 18.1(b)]。但是,如果你首先使带子的一端扭转 180°,然后把 A 与 D,C 与 B 连接起来,默比乌斯带便产生了[图 18.1(c)]。

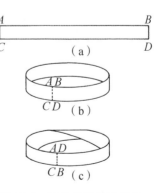

图 18.1　默比乌斯带的制作。

我们首先注意到的是默比乌斯带只有**一个面**：我们能够沿着一条连续路线从带子一个面上的任何一点到达"另一个"面的任何一点，而且不需穿透其表面或跨过它的边缘！当然，普通的两面带子不可能有这种情况。所以，一条默比乌斯带既没有一个"内面"，也没有一个"外面"，它只有一个连续的表面。而且，普通的无尽带子有两条边，而默比乌斯带只有一条边：从上部边缘的任何一点出发并沿此边移动，在经过一圈之后，我们便到达下部边缘上与出发点相对的一点；经过另一圈之后，我们又回到了起点。我们必须走两圈才能绕默比乌斯带一周——这又一次与普通的环形带形成了对照。

当试图把默比乌斯带剪成两半时，我们还会发现更多的奇迹。如果沿中心线剪开一条普通的环形带，我们将得到两个完全一样的带子，每条带子的宽度都是原来带子的一半。但是，如果用同样的方法剪开一条默比乌斯带，我们会得到一个单一的、连续的物体——一个内置两个半纽结的环。这个物体不再是一个真正的默比乌斯带，因为它有两条不同的边和两个不同的面——一个内面和一个外面。但是，如果沿着距纸带一条边三分之一的直线纵向剪开一个默比乌斯带，我们便得到两个缠绕在一起的环：一个是真正的默比乌斯带；另一个是有两个半纽结的二面环！难怪默比乌斯带已成为有史以来最有趣的数学创造之一，一种几何魔法作品，其秘密完全隐藏在其缠绕的表面之后。

因此，默比乌斯带吸引了艺术界的注意力是很自然的事情。瑞士雕塑家比尔（Max Bill）是那些为默比乌斯带美学潜在价值所吸引的艺术家中的一个，他在 1935 年发现了默比乌斯带："我在为在上升气流中转动的悬挂雕塑品寻找解决办法时，创造了一个单面物体。我的研究既不是科学的，也不是数学的，而是纯美学的……我把我的雕塑命名为**环形带**。"很显然比尔并不知道近一个世纪前数学家已经知道了他的发现，他在了解到这个事实后非常失望。比尔说："后来我得知我的作品（我以前认为是由我发现或发明的）只是所谓的默比乌斯带的艺术表现，而且在理论上与它完全一样……我对我不是最先发现这个东西的人这个事实感到震惊。所以我曾经有一段时间停止了在这个方向上的进一步研究。"然而，几年以后他又重新回到了拓扑问题和单面曲面的研究上来。据他自己叙述，直到

1979 年,几乎是在默比乌斯描述了他的"单侧多面体"120 年之后,比尔才接触到默比乌斯带的原初解释。但是,他补充道:"我在默比乌斯解释中没有找到的东西,对我却非常重要:这就是这些曲面作为无穷大象征的哲学特征。"所以,比尔决心把这些曲面的美学潜能化为现实,结果他做出了几件精美的作品,图 18.2 展示的就是其中一个。

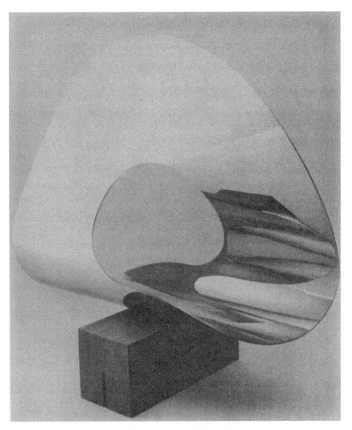

图 18.2　比尔的《来自圆圈 II 的环形带》(1947/48)。转载得到了艺术家的许可。

　　如果说比尔的作品线条明晰、简洁,是纯粹的数字转化为艺术,那么另一位当代艺术家则在一种"应用"意义上使用了默比乌斯带。埃舍尔在与一位英国数学家的一次偶然相见之后,才开始注意到默比乌斯带;遗憾的是他后来忘记这位数学家是谁了。这次偶然会面显然很富有成效,因为它激发埃舍尔以默比乌斯为主题创作了三幅作品。由于埃舍尔爱好形状怪诞的图案,他的作品中充满了生命力:巨大的蚂蚁爬上一个默比乌斯带状梯子的一面,结果只发现它们在一个无尽的循环中走到"另一个"面(图 18.3);一对抽象动物(可能是蛇)沿着看似分开的默比乌斯带的两个部分互相追

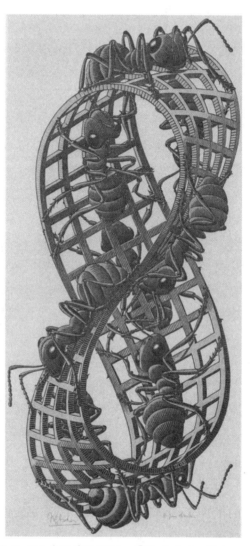

图 18.3　埃舍尔:默比乌斯带Ⅱ(1963)。©M. C. Escher Heirs c/o Cordon Art-Baarn Holland. Collection Haags Gemeentemuseum-The Hague.

逐(图 18.4);还有一个由正好互为镜像的两组(红色和灰色)骑马人组成的队列,这两组骑马人沿着一条扭曲环形带的两个面朝相反方向行进(图 18.5)①。埃舍尔是一个天才,他擅长刻画生活中模棱两可或出乎意料的事情,他在默比乌斯带中,为他的艺术创作才能找到了一片肥沃的土地。

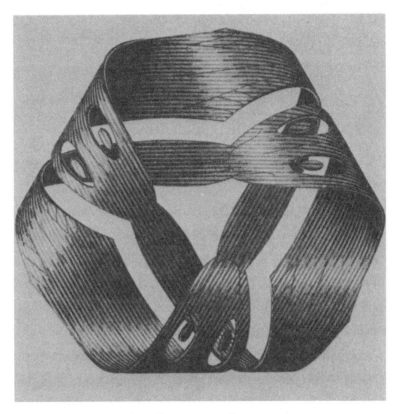

图 18.4　埃舍尔:默比乌斯带 I (1961)。ⓒM. C. Escher Heirs c/o Cordon Art-Baarn-Holland。

① 这是一个真正的默比乌斯带,因为它有两个面和两条边;事实上,当沿着中心线纵向剪开默比乌斯带时,得到的东西就是它。将图 18.1(a)的矩形带扭转 360° 之后把其端点连接起来,也可以得到它。为了增加复杂性,埃舍尔《骑马的人》中的带子在图画的中心连接起来,从而接通了两个分开的面,使这两组马能够相遇。——原注

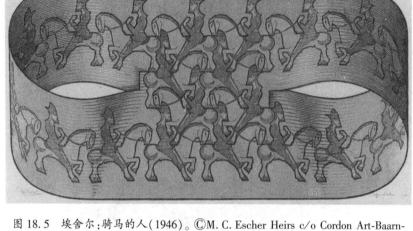

图 18.5　埃舍尔:骑马的人(1946)。©M. C. Escher Heirs c/o Cordon Art-Baarn-Holland.　Collection Haags Gemeentemuseum-The Hague。

在科学小说《默比乌斯号地铁》(*A Subway Named Möbius*)[1]中,故事围绕着一列从波士顿地铁系统中神秘消失的第 86 号列车展开。这个地铁系统前一天才启用,但是现在第 86 号却消失得无影无踪。事实上,很多人都报告说他们听到了列车在他们的正上方或正下方飞驰的声音,但是谁也没有真正地看到过它。当确定这列火车位置的所有努力都失败之后,哈佛的数学家图佩罗(Roger Tupelo)给交通中心打电话,并且提出了一个惊人的理论:这个地铁系统非常复杂,以至于它可能变成一个单面曲面(默比乌斯带)的一部分,而那列失踪的火车可能正在这条带子的"另一个"面上正常运行。面对极度惊愕的市政官员,他耐心地解释了这种系统的拓扑奇异性。在经过一段时间——确切地说是十星期之后——这列丢失的列车又重新出现了,车上的乘客都安然无恙,只是有一点累。

---

[1]　A. J. Deutch(1950)著,摘自 *Where Do We Go From Here?*, Isaac Asimov 编辑。康涅狄格 Greenwich 的 Fawcett Crest 1972 年出版。——原注

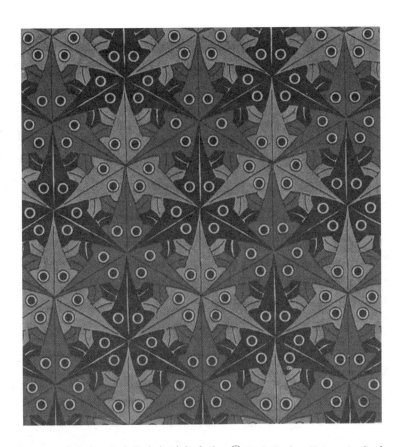

图 18.6 埃舍尔:用动物均匀划分平面。©M. C. Escher Heirs c/o Cordon Art-Baarn-Holland. Collection Haags Gemeentemuseum-The Hague。

图 18.7 埃舍尔:越来越小 (1956)。ⓒM. C. Escher Heirs c/o Cordon Art-Baarn-Holland, Collection Haags Gemeentemuseum-The Hague。

图 18.8 埃舍尔：圆的极限Ⅲ（1959）。ⓒM. C. Escher Heirs c/o Cordon Art-Baarn-Holland，Collection Haags Gemeentemuseum-The Hague。

图 18.9　埃舍尔:漩涡。ⓒM. C. Escher Heirs c/o Cordon Art-
Baarn-Holland, Collection Haags Gemeentemuseum-
The Hague。

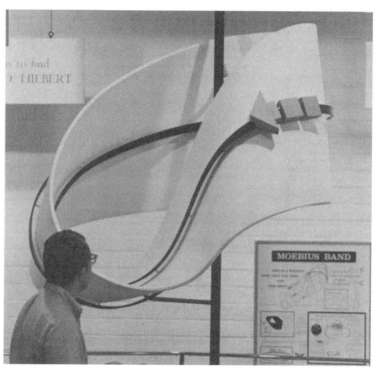

图 18.10　沿着巨大的默比乌斯带迂回的模型火车。这种有趣的展示
　　　　　是由 IBM 主办的展览 Mathematica:The World of Numbers and
　　　　　Beyond 的一部分。由 Charles 和 Ray Eames 制作。在美国的
　　　　　几个大科学馆作过巡回展出。摄影 Charles Eames,转载时得
　　　　　到了许可。

第 19 章　神秘的镜像世界

　　看一看永恒美德的崇高与广阔吧，因为它已使自己成为如此巨大的众多镜子，它的光线在镜子上被折转，而它自己则一如既往地保持完整。

——但丁,《神曲·天堂篇》

(*Divina Commedia · Paradiso*)，诗章 29

　　每一个人都曾一度对镜子着迷过,甚至动物也是如此。我记得有一次看到一只猫困惑地盯着一面镜子,毫无疑问,它在想在那发亮的表面后另一只同伴猫是谁。光学定律在这里产生了一个神秘的不可思议的错觉:照到镜子上的光线被反射的角度与光线照射到镜子的角度完全相同①,因而产生了一个隐藏起来的物体在镜子后面出现的假象(图19.1)。

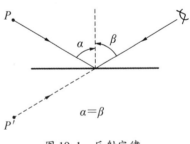

图 19.1　反射定律。

---

① 　用更正式的语言表述为:" 入射角等于反射角。"这就是反射定律——几何光学的两个基本定律之一。(另一是折射定律。)这个定律表明:入射光线、反射光线以及镜子平面的垂线处于同一个平面上。——原注

自古以来,镜子一直被视为是珍贵的财产;我们在埃及王室的墓中发现了镜子——显然,镜子被放到那里是为了将死者的美貌保留给后代。我们还能在欧洲巴洛克风格宫殿宽敞的大厅里找到镜子。在那里,镜子以它们那闪闪发亮的倒影使贵族阶层得到快乐。在我们这个时代,镜子被百货公司和饭店用作商业噱头,因为镜子能够产生一个错觉:一个实际上相当小的房间看上去空间很大,而且曲面形的镜子在魔术室中为年轻人提供了无尽的吸引力①。

拿两面镜子,像图 19.2 那样以一定的角度把它们放在一起。放置在它们中间任何位置的物体都被反射到两面镜子(或者其延伸部分)中,产生两个镜像,这些镜像中的每一个现在都被认为是一个新物体,这个新物体再次被反射到每面镜子中,以此类推。这种重复性的反射似乎可以无限增加,进而产生无穷多个镜像。但是,某些二次反射可能会有重合的情况,在这种情况下,这个过程

图 19.2　两面倾斜的镜子。

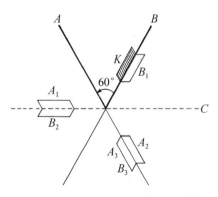

图 19.3　形成 60°角的两面镜子的重复反射,形成了一个对称图案。

就结束了。图 19.3 是成 60°角的两面镜子的一个截面。实线 A 和 B 代表实际的镜子,细线是其延长部分,而虚线 C 则是每面镜子在另一面镜子中的映像。现在在 A 与 B 之间的任何地方放置一个物体 K(图中画阴影线的物体与 B 接触,这样做的目的只是使我们更容易地追随其镜像)。我们使用 A_1 和 B_1 分别表示它在镜子 A 和 B 中的镜像。现在 A_1 被反射到 B 中,产生一个新镜像

---

① 有关镜子魅力的更多内容见 Martin Gardner 的 *The Ambidextrous Universe* 一书,纽约 Charles Scribner's Sons 1979 年出版。——原注

A_2;同理，B_1 由于被反射到 A 也产生一个新镜像 B_2。最后，这些二次反射中的每一个镜像又被反射到原来的镜子里，便产生了 A_3 和 B_3。但是，我们根据反射几何学可以很容易地说服我们自己：最后的两个镜像相互重合，所以不会再产生其他镜像。这样一来，我们从原始物体得到了五个新镜像；它们与原始物体一起排列成三对，形成了一个等边三角形的顶点。

因此，从 60° 这个特殊的角，我们得到一个具有高度对称性的图案：该图案可以在 A,B 和 C 三条直线中的任何一条上反射，或以 120°，240° 和 360° 中任何角度旋转，而不会从整体上改变该图案。我们说这个图案具有一种**三重旋转对称**或**三轴反射对称**。这个结果可被概括如下：如果镜子构成了角 α，那么产生的图案将具有一个 n 重旋转对称和一个 n 轴反射对称，这里 $n = 360°/2\alpha$①。

这个原理（由放置在两面倾斜镜子之间的一个物体产生一个对称图案）正是**万花筒**的基础。苏格兰物理学家布鲁斯特（David Brewster）于 1816 年发明了万花筒，从那以后，它便成了老少咸宜的神奇玩具。（其名字来自希腊单词：kalo = 美丽的，eidos = 形式，scope = 观看。）它包括一个镜筒，其中装有两面镜子，两面镜子间的夹角通常为 60°。镜筒的一端装有彩色玻璃小碎片，从镜筒另一端的小孔处可观看这些彩色小碎片在镜子中经过多次反射而形成的镜像。这种仪器的结构如此简单，以致未经许可就仿制了好几千只，并因而剥夺了属于发明者自己的专利使用费。显然，即使在今天，这种仪器也丝毫没有失去其吸引力；在新型的万花筒中，

---

① 只有当 n 有一个整数值时，这个公式才给出对称元素的数量。为了满足这一点，角 α 必须限定取某些值（180°，90°，60°，45°，36° 等。与 $n = 1,2,3,4,5,\cdots$ 相对应）。如果 α 取其他的值，那么 n 将是一个分数，或者甚至是一个无理数，其结果是失去一些或全部的旋转对称。此外，如果物体自身已经具有反射对称性，而且如果我们相对于镜子以对称方式放置它，那么将产生附加的对称。例如，对于 $\alpha = 60°$ 的情况，如果物体是字母 I。那么，当我们将它与两面镜子的平分线对齐时，产生的图案是一个六边形，即一个六重旋转对称和一个六轴反射对称。有关对这些可能性的更完整的讨论，参看参考文献中列出的 H. S. M. Coxeter 的 *Introduction to Geometry* 一书。——原注

一个小得多透镜取代了镜子,而彩色小碎片可以是你愿意用镜筒对着的任何景物①。

在任何一个真实的万花筒中,角 α 是固定的。然而,我们还可以使用两个自由的镜子做实验,可以使它们彼此以不同的角度放置在一起。我们可以看到当逐渐缩小这个角度时,镜像的数量成倍增加;似乎不知道越来越多的镜像是从什么地方来的,直到它们的数量非常大,并且变得模糊为止。(这部分是因为镜子中的缺陷,产生了内反射。随着视线逐渐接近镜子平面,反射变得更加明显。)当 α→0 时,镜像的数量变得无限多;另一方面,在两面镜子之间当然也不再有剩余的空间放置一个物体,而且不再有供我们观看其镜像的空间。我们的镜子很好地保守着无穷大的秘密!

然而,有一种办法可以避免这种情况,那就是让自己站在两面以恒定距离 d 分开的**平行**镜子之间。这是一种我们在理发店碰到的熟悉奇观。在那里你会看到自己在无尽的镜子中被前后反射,交替显示你的脸和背。哎呀,**几乎**是无尽的。我们再次被阻止真正看到无穷大,因为其一,你自己的头总在你的视线上,挡住了正前方的视线;其二,与精确平行性稍有偏差,两面镜子就会变成一个巨大的万花筒,使镜像沿着一个巨大的圆弯曲,直至消逝。

现在设想你在一个四壁全是镜子的房间里。图 19.4 给出了这种房间的一个断面。和以前一样,实线代表实际的镜子,它们形成一个正方形,细线代表其重复镜像。在这个正方形中任何地方放置一个物体,都在离物体最近的墙角处产生万花筒效应;但是,一个新因素进入了画面。由于每一对相对镜子的重复反射产生了无穷的正方形格阵(每个正方形都可被看作是一个新的反射正方形)。所以,原来的万花筒图案一遍又一遍地重复,扩展到整个平面。结果是平面被正方形镶嵌,每一个正方形一个角的周围都由原初物体的镜像加以"装饰"。三面构成等边三角形的镜子也可得到类似的效果,它产生的是一个三角形镶嵌。

---

① 制作简易万花筒的方法可以从 *Photography as a Tool* 一书中找到,Life Library of Photography, Time-Life, New York, 1970, p. 208。——原注

```
 5   4 │ 3   2 │ 3   4
 o   o │ o   o │ o   o
 4   3 │ 2   1 │ 2   3
───────┼───────┼───────
 3   2 │ 1   0 │ 1   2
 o   o │ o   ● │ o   o
 o   o │ o   o │ o   o
 4   3 │ 2   1 │ 2   3
───────┼───────┼───────
 5   4 │ 3   2 │ 3   4
 o   o │ o   o │ o   o
 6   5 │ 4   3 │ 4   5
```

图 19.4　一个二维的反射房间,小数字表示重复反射的顺序。

我们由此可以进一步想象一个由镜子组成的房间——其天花板、墙壁和地板全是镜子。这样一个房间有一个桌子和一把椅子,它们全由镜子制成;位于纽约州布法罗的奥尔布赖特-诺克斯美术馆展出了这个房间。它实际上是一件艺术作品,由生于希腊的美国艺术家萨马拉斯(Lucas Samaras)创作。一旦置身其中,你将像你可能希望的那样,非常近地看一看无穷大,而且会有一种令人眩晕的经历:你觉得你像是正站在一个无底洞的边缘,一不小心,它随时会把你吞下。

现在我们用一种几何抽象代替实际的镜子——一条我们将称之为**反射轴**或**镜轴**(也使用**对称轴**一词)的直线 m。该直线上的"反射"将意味着一种变换,它把平面中的每一个点 P 都移动到 P',并且使反射轴垂直平分线段 PP'(图 19.5)。以这种方式,我们可以把反射看成一种与任何光学条件无关的纯粹几何概

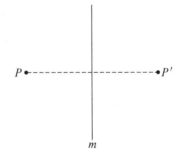

图 19.5　反射的几何学定义:直线 m 是 PP' 的垂直平分线。

念。这类"数学光学"已经成为一个果实累累的研究领域，并且产生了很多优美的结果①。在以后的章节中，我们将采纳这种观点。

---

① 一个尚未解决的有趣问题如下：假设有一个内边均是一维镜子的凸多边形。那么我们能够从放在正多边形内部任何位置的光源照亮整个内部（即使没有镜子）。我们能够对任何一个反射多边形——不管是不是凸多边形——做同样的事吗？答案好像是"是的"，因为被反射的光线像台球在台球桌上一样从墙上反射来反射去，似乎能够到达多边形的每一个点。但这至今仍未被证实。十分有趣的是：如果使用任意的闭曲线取代多边形，我们已经知道，无论内部光源放在哪里，有些形状不能被内部光源完全照亮。这相当让人吃惊。因为任何曲线都可以使用直线段（即一个多边形）任意密切地逼近。有关细节，请参考 C. Stanley Ogilvy 的 *Tomorrow's Math: Unsolved Problems for the Amateur* 一书，Oxford University Press，New York，1972，p. 59。——原注

第20章 害怕空白，爱好无穷大

如果你欲迈进无穷大，你只需走遍有限的每一条边。

——歌德（Johann Wolfgang von Goethe）

我们现在开始讨论数学在艺术中最优美的应用之一——研究借助某种单一艺术图案的无限重复铺满平面的各种可能性。这种无穷模式自有史以来一直激发着艺术家和工匠们的想象力，而且为穆斯林精巧的抽象艺术提供了框架。就是在这些图案中，几何学与艺术的相互影响达到了极高水平。

我们在前面已经看到，物体在两面或多面镜子中的重复反射产生了一个对称图案———即使该物体自身不具备对称性。如果我们更仔细地研究这个过程，我们发现在图形平面中发生的移动或变换有三种类型：反射、旋转和平移。正如前面规定的那样，一条直线 m 上的**反射**是一种把每一个点 P 都移至一个新点 P'，并且使 m 是线段 PP' 的垂直平分线的变换。这个定义是纯粹几何学意义上的定义——它不依赖于实际发生的任何光学反射。另外两种变换也是纯粹的几何学定义，与任何"实际"问题无关。平面中围绕一个固定点 O 的**旋转**（或**转动**），把每一个点 P 都移位至一个新点 P'，并且使 $OP = OP'$；所有点的旋转角度都一样（图 20.1）。**平移**沿一个给定方向把平面上每一个点 P 都移动一个固定距离 d；所以，平面的所有点都发生了位移或平移，而且位移或平移量相同，方向也相同（图 20.2）。

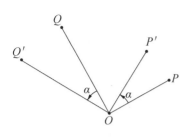

图 20.1　旋转。

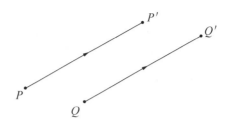

图 20.2　平移。

这三种变换是研究任何图形的对称元素所必需的基本工具。**对称元素**或**对称运演**使一个图形总体上保持恒定(不变)——尽管其某个部分可能会重新排序。例如,一个等边三角形有六个对称元素:三条平分线上的三次反射和围绕着这三条平分线交点的三次旋转(每次旋转都是 120°)(图 20.3)。这三种运作中的每一个,都使这个三角形总体上保持不变。类似的情况还有沿一条直线均匀隔开的电线杆阵列,这种阵列具有平移对称性——如果我们把任何一个杆平移到其相邻杆的位置,那么整个阵列保持不变。

理解这些概念的最好方法,是在一张透明的纸上勾画出一个图形的轮廓,然后移动这张纸,直到被勾画的图形与原图形重合为止。一个等边三角形有 6 种不同的方法做到这一点,即以 120°角的三次旋转,以及这张纸关于角平分线的三次"翻转",相当于这些平分线上的三次反射。这三种运演中的每一种都产生

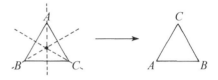

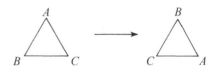

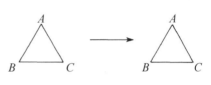

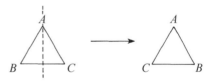

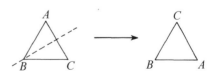

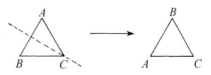

图 20.3　一个等边三角形的六个对称元素。

覆盖原来图形的勾画图形。类似地，电线杆阵列按需要的数量和方向在透明纸平移或滑动后，也将与其自己重合。

为了方便起见，习惯上还规定了第四种几何运作，即**滑动反射**；这是先关于一条给定直线上作一次反射，又加上**沿着**那条直线平移后所得的终极结果（图20.4）。沙滩上的一行足迹给出这种对称的示例①。

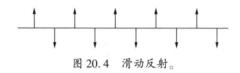

图20.4　滑动反射。

尽管反射和旋转满足研究诸如一朵花和一片叶子之类的单个物体的需要，然而在分析**无限图案**时，我们需要所有四种对称运演。这种无限图案在艺术和科学的几乎每一个地方都能够找到；古老的原始艺术的镶边装饰物，以及近代的壁纸和地板图案，只是其中的几个例子。正是在这些无限图案的分析中，现代数学——尤其是被称为群论②的一个代数分支——被证明是最有效的。

所有无限图案中最简单的是一维装饰性镶边——一种沿着一条无限的带子有规律地重复出现的单一图形。（它自身可能是二维的）③。后来

---

① 刚才提到的四种对称运演（反射、旋转、平移及滑动反射）有一个共有的重要特性：保持距离。就是说如果 P 和 Q 是平面中的任何两个点，而且这两个点被移位至 P' 和 Q'，那么 $PQ = P'Q'$。距离保持变换称为等距（isometry，来源于希腊语的 isos = 相等和 metron = 测量）。上面列的四种对称运演包括了所有可能的等距。（当然，并不是每一种变换都是一种等距，例如反演。）正是这种距离保持特性才使等距在研究图形的对称中如此重要；一种对称运演使一个图形保持不变，因此必须保持它的两点间的距离。——原注

② 群的概念是现代代数学最基本的概念之一。这个概念是在1830年前后作为纯粹的抽象概念提出的，它已在数学和科学的几乎每个分支以及艺术中找到了无数种应用，在附录中可以找到关于群的简介。——原注

③ 当然，人们可以想出更简单的情况——一维"装饰线"，其中生成的图形是一维的，而且只局限于这条线，这种图形只能是有向线段，用一个箭头符号表示，这里只有两种对称形式是可能的，要看两个相邻的箭头是指向同一方向还是指向相反方向（图20.5）。第一种类型像同种型号的汽车组成无尽的车队沿一条直线行驶；第二种类型是在一对平行镜子中重复反射的一类比，像理发店设置的那样。——原注

证明在这里恰好有七种可能的不同对称类型——七种**一维对称群**。它们在表 20.1 中列出。

表 20.1　七种一维对称群

典型图案	对称元素
1.　···L L L L···	1 次平移
2.　···L Γ L Γ···	1 次滑动反射
3.　···V V V V···	1 次平移,1 条垂直反射线
4.　···N N N N ···	1 次平移,1 次"半转"*
5.　···V ∧ V ∧···	1 条垂直反射线,1 次"半转"
6.　···E E E E···	1 次平移,1 条水平反射线
7.　···H H H H···	3 次反射(1 次水平的,2 次垂直的)

＊一次"半转"是一个 180°的旋转。

　　在研究这个表时,重要的是记住生成图形的实际形状与分类无关,只有它的对称元素(即图形能够在不改变其整体图案的情况下重复)是重要的。例如,第 3 个图案中的 V 可用 A 代替,不会影响镶边的对称类型。它们还可用一对字母 b 和 d 取代,生成的图案是···bdbd···。在任何一个 b 及紧挨着它的 d 之间放置一面垂直的镜子,便可看出这个图案属于与第 3 个图案相同的对称群;这一点以及沿着镶边的平移,使这个图案保持不变。类似地,···bdpqbdpq···属于与第 5 个图案相同的群——当它在置于 b 和 d

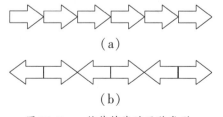

(a)

(b)

图 20.5　一维装饰线的两种类型。

之间的垂线上反射，或者当它被上下颠倒（转半个圈）时，它保持不变①。

上面列出的七个对称群包括了装饰一条无限带子的所有可能性，考虑到我们可以选择的图案有无限的多样性，这一成果十分了不起。在这里，我们找到了我们选择基本图案的想象力所具有的自由与几何学定律所施加的约束之间非常诱人的相互影响。可能正是这种相互影响[用冈布里奇（E. H. Gombrich）在《秩序的感觉》（*The Sense of Order*）一书中的话就是"约束的挑战"]，才使装饰带如此广泛地受到人们的喜爱。我们能够在几乎每一个地域的和民族的群体，以及从古至今每个时代的手工艺品中，找到这种相互影响。在伦敦的希思罗地铁站有一面很大的墙，这面墙展示了来自不同时代和文化的装饰带；当人们舒适地乘坐连接机场终点站与附近地铁站的水平自动扶梯时便能够看到这面墙。这是大英博物馆的一个预展，无数诱人的珍品在那里等着参观者！图 20.6 给出的是选出的几个典型的装饰带，每种对称群选一个，其排列顺序与表 20.1 一样。

(a) 古希腊

(b) 中世纪

(c) 古希腊

(d) 纳瓦霍印第安人

---

① 人们实际上能够通过反复应用这些运演生成整个图案。所以，对于图案…bdbd…来说，从 b 开始，然后在一条垂直线上反射它，便可得到对子 bd。沿着这条带平移这个对子，便可获得整个图案。类似地，图案…bdpqbdpq…也可通过在 b 的右边放一面垂直镜子，这便再次得到了对子 bd；然后转动这个对子及其假想镜子，使其上下颠倒，旋转中心位于 d 的右边；这便产生了图案 b|d · p|q。这个过程可以被无限重复下去，从而产生整个带子。

还须指出的是，表中列出的每种类型的对称元素不一定是唯一的。例如 3 号图案也可以用两次反射描述，一次在每个 V 的平分线上，另一次在两个相邻 V 中间的垂直镜子上。这两种反射产生了与表中所列对称群相同的对称群，这一点是从附录中讨论的关于两次反射组合的定理推导出来的。——原注

(e) 伊斯兰,16 世纪　　　(f) 印加人,哥伦布　　　(g) 中国,17 世纪
　　　　　　　　　　　到达美洲之前

图 20.6　一维装饰带的七种类型的例子。根据其对称群排列(见表 20.1)。经
　　　　允许摘自 Peter S. Stevens 的 *Handbook of Regular Patterns: An Introduc-
　　　　tion to Symmetry in Two Dimensions*,MIT 出版社 1981 年出版。

当我们从一维装饰带转向二维"装饰平面"(其中最常见的例子是无休止重复的各种壁纸花纹或地板图案)时,对称可能性的数目将增加,这并不令人感到意外。这里的新特征是存在着**两种独立的平移**(而不是一种),与平面的二维相对应。图 20.7 说明了这一点,它给出了装饰平面的最简单的方法,而且整个图案是通过在两个不同的方向上平移这个图形而生成的。这个基本图形及其平移所占有的位置构成了**无穷晶格**——整个图案框架——的顶点。这个晶格由无限多个全等的平行四边形组成,每一个平行四边形被认为是一个"晶胞"①。整个结构像晶体中的原子的晶格,而且实际上晶体学使用着与我们这里分析我们的二维"装饰晶体"所使用的同样的数学工具。

图 20.7　平面中两种独立的平移。

根据实际经验,人们早就知道平面镶嵌的对称类型是有限的,但是这个事实的证明直到 1891 年才完成。俄国晶体学家费多罗夫(E. S. Fedorov) 当时列出了正好 17 种类型。这 17 种**平面对称群**包括了所有的可能性;它们类似于一维带的七种对

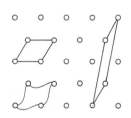

图 20.8　同一个晶格的不同晶胞。

────────────

①　晶胞的选择不是唯一的,可以选择不同的平行四边形(或者是非平行四边形形状),只要它们不包含顶点之外的任何格点即可。(图 20.8 给出了三种可能的选择。)正是这种选择基本形状的自由,才使人们能够像埃舍尔作品那样使用艺术家选择的任意图案镶嵌整个平面。——原注

称群①。不同对称群的数量不仅有限，而且真的如此少，这一事实比一维带的情况更值得注意。只有使用代数学（尤其是群论）的高等方法才能了解其原因。所有 17 个群的例子都可从古代（特别是埃及）的装饰图案中找到，这一点非常惊人。我们可以说他们以实验方式发现了一个基本的数学事实，而其证明是在约四千年后完成的。外尔（Hermann Weyl）在他的著作《对称》（*Symmetry*）②中说："对这些图案所反映出的几何想象力和创造性的深度，人们无论怎样估计也不会过分……装饰品艺术以一种隐含形式包含了我们所知道的高等数学的最古老的样品。"图 20.9 给出了这 17 种平面对称群每种的各一个实例。

---

① 正像对待装饰带那样，我们必须注意不要把 17 种对称群与艺术图案本身无限多种类型混淆起来；前者仅仅是根据图案的对称元素的一种分类，而后者则是艺术家所选作为其装饰方案的实际图案。这种情况有点像化学——只有 92 种自然元素，但是这些自然元素可构成无穷多种化合物。此外，颜色的加入使对称的可能性增加许多倍。这一点可从棋盘图案这个简单例子看出。两种颜色在这里生成了一个由基本的方格子组成的全新图案，这是多色对称的主题。这一主题要比上面讨论的单色对称复杂得多。有关这个主题的更多的技术性介绍，请参阅 A. V. Shubnikov 和 V. A. Koptsik 的 *Symmetry in Science and Art* 一书。G. D. Archard 译自俄文，纽约和伦敦的 Plenum Press 1874 年出版。——原注

② Princeton University Press，Princeton，New Jersey，1952。——原注

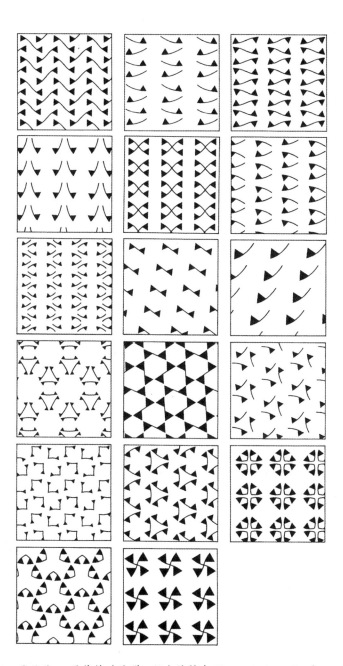

图 20.9　平面的 17 种装饰对称群。经允许摘自 Phares G. O' Daffer 与 Stanley R. Clemens 的 *Geometry: An Investigative Approach*，Copyright © 1976 by Addison-Wesley Publisling Company，Inc. 复制得到了允许。

第21章　无穷大的大师埃舍尔

> 遥远,遥远的无穷大! 寂静,梦中远离日常生活中的紧张;站在船头,航行越过平静的海面,向着总在后退的地平线;盯住经过的波浪,倾听它们单调轻柔的哗啦声;梦中进入无意识状态……
>
> ——埃舍尔 ①

你在很多艺术著作中找不到他的名字,因为他基本上被艺术界忽视了。他的画没有装饰世界大博物馆的墙壁,因为他不喜欢出名。如果你希望看到他的艺术作品,你可以在有关数学或物理学的书中找到,因为他与科学界的关系比他与艺术家同行的关系更为密切②。他一生中绝大部分时间里,只有很少的人知道他,但是在他生命的最后 15 年,他突然间出

---

① 本章的所有引语均是埃舍尔所述,这些话语经允许摘自 F. H. Bool, T. R. Kirst. J. L. Locher 和 F. Wienda 的 *M. C. Escher: His Life and Complete Graphic Work* (Harry N. Abrams, Inc., 1981) 和 B. Ernst 的 *Magic Mirror of M. C. Escher* (Random House, Inc.) 这两部书。——原注

② 通过敏锐地面对我们周围的令人迷惑的事物,并且研究和分析我所观察到的结果,我来到了数学领域,尽管我在这门严谨学科中绝对没有受到过培训。然而我与数学家之间的共同之处似乎要多于我与我的同行艺术家的共同之处。——原注

了名,而直到他去世之后,他的创造能力才得到公认。这是因为,如果说曾经有一位艺术家画出了我们周围世界的数学奇观的话,那么他就是埃舍尔。

埃舍尔 1898 年出生于荷兰的吕伐登,他最初的职业是风景画家。他尤其喜欢地中海旖旎的风景。而且他画的那些意大利和西班牙南部小城和港口的明媚简洁的画,与他晚年那种十分复杂的画形成了鲜明的对比。这些早期作品很可能会确保埃舍尔成为一名成功的风景画家。但是 1936 年夏天对格拉纳达的阿尔罕布拉宫的参观,彻底转变了埃舍尔的艺术兴趣。阿尔罕布拉宫是摩尔人统治西班牙时期的遗物,是一座宏伟的 14 世纪宫殿,其墙壁上装饰的精美几何图案给埃舍尔留下了深刻印象。埃舍尔在那里花了整整三天时间,他细致地研究了种种基本的几何图案,并且复制了一些供以后研究。他所看到的一切给他留下了深刻的印象;从那时起,他的作品逐渐变得具有几何学特性。很多年以后,他在回想起他对镶嵌图案的痴迷时,认为这种痴迷是由那次阿尔罕布拉宫之旅激发的:"它是我曾经发掘过的最丰富的灵感源泉,而且它至今仍未干涸。"

很多数学概念在埃舍尔的晚期作品中发挥着作用:无穷大、相对性、反射与反演,以及一个三维物体与其在二维表面上的描绘之间的关系。最重要的是,对称概念从其最广泛的意义上讲,是他作品的核心。所有四种对称运演都在这里开始起作用,而且埃舍尔还加上了第五种对称运演:相似性。这连同对无穷大的无休止的强烈爱好,成为埃舍尔作品的实质①。

埃舍尔与无穷大有关的作品②可以被分成三类:

1. 无止境循环。

2. 平面的规则划分。

3. 极限。

---

① 最近几年出版了研究埃舍尔作品数学特征的大量文献,其中一些文献列在参考文献目录中。——原注

② 我并不希望被当作艺术家,我一直在致力于以最好的可能方式和最大的精确性,清楚地描绘出明确的东西。——原注

在第一类中,埃舍尔在二维画布上画出了永动机这个现实世界中一代代发明家和空想家都无法实现的东西,表达了他对节奏、规律性和周期性的强烈爱好。这些版画总是使用某种微妙的扭曲或者隐藏的"秘诀",因此它们体现着某些奇异风格,好像埃舍尔喜欢取笑自然规律一样。用他自己的话说:"我禁不住嘲笑我们所有坚定不移的信念。比如说,故意地混淆二维和三维、平面和空间,或者取笑万有引力,是一种极为有趣的事。"①我们已经看到他如何使用默比乌斯带的拓扑特性,描绘一队骑兵或者一群蚂蚁在无止境的循环中互相追逐。在《瀑布》(*Water fall*,1961;图 21.1)中,他巧妙地改变了建筑物轮廓的形状,结果呈现给我们一种荒诞的情景:一股水流沿着一条封闭的环行道无止境地流动,当水流下落时带动一个轮子转动——一种以自身能量运转的机器。在《上升和下降》(*Ascending and Descending*,1960;图 21.2)中,埃舍尔精心地使用了透视画法规律,画出一队向上爬楼梯的士兵;他们一直往上爬,结果却发现回到了出发点!士兵们说:"是的,是的,我们往上爬呀爬呀,我们想象我们在上升;每一级约十英寸高,十分使人厌倦——它到底会带我们到哪里?哪里也没有去;我们一步也没走远,一步也没升高。"

第二类——平面(在有些情况下是空间)的规则划分——已经成了埃舍尔的标志。② 无休止地重复单一的基本图案,不重叠也不留任何空白的可能性,对他来说是一个无法抗拒的挑战:"它仍然是一个极有吸引力的活动,一种我已经上瘾的真正癖好,有时我发现很难从中抽离。"但是与他从中受到极大启发的图案不同的是,埃舍尔的基本图案很少是抽象的;相反,它们是可以辨认的事物——人、鸟、鱼和取自日常生活的无生命物体。埃舍尔在下面的话中表达了他对纯粹抽象的厌恶:

---

① 我从未试图描绘神秘的东西,有些人宣称的神秘只不过是一种有意无意的欺骗!我也曾要过很多花招,而且我曾经很好地以视觉方式表达了一些概念……我在我的图片上正在做的一切,都是为了报告我的发现。——原注

② 埃舍尔对镶嵌的定义:一个平面,应该被认为在所有方面都是无限的,能够被填充或划分成相似的几何图形,而且不留下任何"空隙",这个过程可以在有限数量的系统下进行到无穷大。——原注

图 21.1　埃舍尔：瀑布(1961)。ⒸM. C. Escher Heirs c/o Cordon Art-Baarn-Holland。

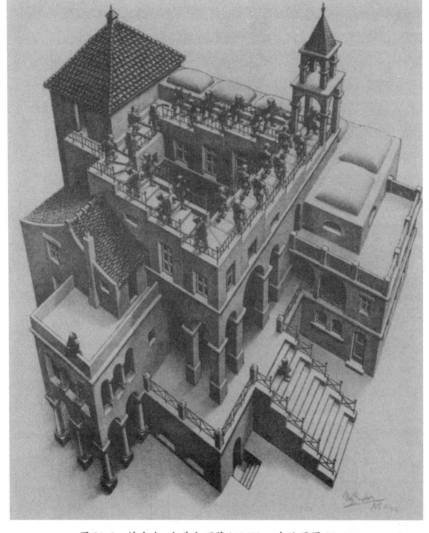

图 21.2　埃舍尔:上升和下降(1960)。出处同图 21.1。

　　摩尔人是使用全等图形填充一个平面的大师。在他们的镶嵌图案中,他们把自己局限在抽象几何形状的图形中……我发现这种限制更令人难以接受。正是我自己的模式成分的可辨认性,才是我对这个领域的兴趣从未停止的原因。

　　……

我觉得好像不是我在确定这些图案，而是这些我在上面倾注烦恼和劳动的简单小平面单元图案有自己的愿望，仿佛是它们在控制着我的手的运动。

　　埃舍尔以具体的、可辨认的物体描绘数学概念的能力，可能是他最大的天赋。例如，我们可以比较一下图 21.3 和 21.4：前者是公元前 6 世纪的希腊抽象图案；后者出自埃舍尔之手。这两幅图正好属于相同的对称群——两幅图都允许两种平移：一种沿着每一行，另一种横跨两行①。希腊图案尽管从美学角度讲令人喜爱，但不是特别有趣；而埃舍尔的图案因为有一群填满整幅图的珀加索斯②而显得生动活泼。更仔细地观察，我们发现每一匹黑色的飞马周围有四匹相同的白色飞马，反之亦然！事实上，这幅画可以用两种同样有效的方法解释——在白色背景下飞行的黑色飞马或者是在黑色背景下飞行的白色飞马。这说明了埃舍尔喜爱的另一个主题——对偶性。这里是通过精心使用对称原理而得到的对偶效果：两匹相邻飞马（不管是黑色的还是白色的）之间的"空白"空间正是同一匹飞马的复制品——只是颜色相反。

图 21.3　希腊图案，公元前 6 世纪。经允许摘自 Peter S. Stevens 的 *Handbook of Regular Patterns: An Introduction to Symmetry in Two Dimensions* 一书（The MIT Press，1981）。

---

① 这是上一章讨论过的同一个群，它是所有 17 种平面对称群中最简单的一个，而且被称为群 *p*1。本章谈到的其他群按照出现顺序分别称为 *pg*，*cm*，和 *p*31*m*。——原注

② 希腊神话中生有双翼的飞马。——译者注

图 21.4 埃舍尔:飞马。

　　下面我们对图 21.5 和 21.6 进行比较。它们都属于相同的对称群,由沿着每一条水平带的一次平移和沿着两个相邻垂直带边界线的一次滑动反射组成①。第一个图是秘鲁人的一种图案,它仍然是一种抽象的基本花纹,或者说几乎是抽象的,如果有人把框架内的形状解释为天鹅的头的话。让我们看一看埃舍尔用同样的基本模式做了什么:他在该图案中填入了两列骑兵,黑色的向左,白色的(正好是

图 21.5　秘鲁图案。经允许摘自 Peter S. Stevens 的 *Handbook of Regular Patterns: An Introduction to Symmetry in Two Dimensions* 一书 (The MIT Press, 1981)。

─────────────

①　这个群还可以描述成三个相邻垂直带之间边界直线的两次滑动反射。——原注

黑色骑兵的镜像)向右。每一组骑兵完全填充了对面的各组骑兵之间的空间。这个图案与埃舍尔早在 11 年前在他的默比乌斯带图片《骑兵》(1946)中使用的相同;这一次他只把它叫做《平面的规则划分Ⅲ》。

图 21.6　埃舍尔:平面的规则划分Ⅲ。

在飞马和骑兵图案中,基本主题自身没有内部对称性(这不足为奇,因为我们看到的是马的轮廓)。在以下的五幅图中,其基本主题有一种双边(反射)对称性,这把这些图案划分为一种新的对称群;这个群包括一次反射和两次滑动反射,所有反射都是借助平行的垂直直线进行的(图21.7)。属于这个群的图案非常普遍——图21.8,21.9和21.10分别展示了一种基于纹章图案的古代设计,一种来自19世纪日本,另一种来自阿尔罕布拉宫。最后,图21.11给出了埃舍尔的《平面的规则划分Ⅱ》(*Regular Division of the Plane Ⅱ*)的一部分,这是他为1957年写的同名书籍设计的版画。

图21.7 图21.8至21.11中图案的对称元素。经允许摘自 Peter S. Ste-vens 的 *Handbook of Regular Patterns: An Introduction to Symme-try in Two Dimensions* 一书(The MIT Press,1981)。

图21.8 古代纹章基调。经允许摘自 Peter S. Stevens 的 *Handbook of Regular Patterns: An Introduction to Symmetry in Two Dimensions* 一书(The MIT Press,1981)。

图 21.9　19 世纪的日本图案。经允许摘自 Peter S. Stevens 的 *Handbook of Regular Patterns: An Introduction to Symmetry in Two Dimensions* 一书(The MIT Press,1981)。

图 21.10　来自西班牙格拉纳达的阿尔罕布拉宫的图案。经允许摘自 Peter S. Stevens 的 *Handbook of Regular Patterns: An Introduction to Symmetry in Two Dimensions* 一书(The MIT Press, 1981)。

图 21.11　埃舍尔:平面的规则划分 Ⅱ(1957)。

　　在以前的图案中,起作用的只有平移、反射和滑动反射,如果我们加上旋转,新的对称群便可形成。图 21.12 给出的是典型的阿拉伯图案。图 21.13 给出了其对称元素,其中的细线表示镜线,小三角形表示 120° 旋转的中心。埃舍尔根据这个图案设计了他最美丽的版画中的一张。

图 21.12　阿拉伯图案。经允许摘自 Peter S. Stevens 的 *Handbook of Regular Patterns: An Introduction to Symmetry in Two Dimensions* 一书（The MIT Press，1981）。

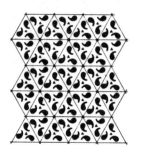

图 21.13　图 21.12 中的对称元素。经允许摘自 Peter S. Stevens 的 *Handbook of Regular Patterns: An Introduction to Symmetry in Two Dimensions* 一书（The MIT Press，1981）。

　　17 种平面对称群,在埃舍尔的作品中至少能找到 13 种①。这表明他肯定深刻而直觉地掌握了数学原理,然而,除中学课程之外,他并没有受过正式的数学方面的培训。他自己曾这样说:

　　　　我在数学课上从来没有及格过。有趣的是我好像在没有意识到的情况下理解了数学理论。真的,我在学校期间是一个相

---

① 埃舍尔的很多图片使用一种二色对称,如图 21.6 所示;水平平移时图形保持不变,但是垂直滑动反射使骑马人的颜色倒了过来,这个事实使我们根据 17 种平面对称群划分埃舍尔作品的方法多少有些困难。（从严格的单色对称角度讲,只有形状保持不变。）在他的彩色版画中,这种分类变得更加复杂。有关这个主题更详细的讨论,见 Caroline H. MacGillavry 的 *Fantasy & Symmetry: The Periodic Drawings of M. C. Escher* 一书（Harry N. Abrams,New York,1976）。——原注

当差劲的学生,请想象一下数学家现在使用我的图片说明他们的书!设想我陪伴着所有这些博学的人们,就好像我是他们失散多年的兄弟一样。我猜想他们可能还不十分知道我对于数学是一个外行这一事实。

直到 1955 年,埃舍尔在他的镶嵌图案中使用的只有全等图形。但是大约就在那个时候,他开始探索一种关于无穷大的新方法,这种方法最终催生了他一些最伟大的杰作。我们不知道是什么带来了这种变化,可能是他感觉到他在以前的镶嵌(或者他喜欢叫的那种平面的规则划分)中已经达到了圆满成功,而且在这一领域无法再取得更大的成功,或者是他对镶嵌表达无穷大真正意义的能力不满意。他在 1959 年发表的一篇文章中写道:

> 在周期性表面划分中得到了什么……? 当然不是无穷大,但是肯定是无穷大的一个片段,"爬行动物宇宙"的一部分。这个曲面上的形状相互吻合,如果该曲面的尺寸无穷大,那么它上面能够显示出无穷多个这种形状。但是,我们不是在玩一个智力游戏:我们意识到生活在一个物质的三维现实中,所以要生成一个在所有方向上都无穷伸展的平面是不大可能的。

埃舍尔解决这个问题的方法是在四个原有的对称运算中加入了第五个对称运算:相似性,通过放宽一个图形应该保持其形状**和**尺寸这一要求,而只坚持形状不变,那么有可能在没有实际到达无穷大的情况下,表达无穷大的细微迹象。这就是此后在埃舍尔作品中占主导地位的原理。

这些"极限图片"中的第一个是《越来越小》,如图 18.7 所示。我们看到一连串的爬行动物的旋流,所有这些爬行动物都有正好相同的形状(允许进行镜像),然而当我们接近中心时,这些爬行动物的尺寸逐渐缩小。事实上,埃舍尔使他的爬行动物的尺寸遵循几何级数 1,1/2,1/4,1/8,…,他用来说明这幅图片的格子清楚地表明了这一点(图 21.14)。所以,中心就变成了这样一个点:"在这个点上可以到达无穷多和无穷小的极限"。但是他并不十分满意这个结果,因为"从外部向中心的不断缩小"没有表达出他"对完整无缺的无穷大符号的渴望"。他所追求的是一

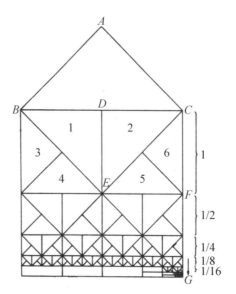

图 21.14　埃舍尔的《越来越小》的格子。

种"从中心向外部的不断缩小"，而且他从加拿大数学家考克斯特(H. S.
M. Coxeter)的一本书的插图中找到了这种方法。考克斯特的插图(图
21.15)与亨利·庞加莱的非欧几何学模型有关；然而，埃舍尔并不怎么关
心它在理论上的重要意义，但他却立刻认识到了它的美学潜力：

图 21.15　考克斯特的插图。经 John Wiley and Sons, Inc. 允许摘自 H.
S. M. Coxeter 的 *Introduction to Geometry* 一书。

我试图从中找到一种方法,可以使填充平面的基本图案由一个圆的中心向边缘逐渐缩小,这些基本图案在边缘上将无限紧密地靠拢。他(考克斯特)那旨在转移他人注意力的正文对我毫无用处,但是这幅图画可能会帮助我产生一种平面划分方法,这有望成为我的一系列平面划分方法的一个全新的变种。平面的圆形规则划分(逻辑上讲每条边均由无穷小形成边界)是某种真正优美的东西……

他又作弄人似的补充说:"同时我还产生一种感觉,我正在远离对'公众'来说是一种'成功'的工作,但是当这类问题是如此深深地吸引着我,以至于我无法置之不理的时候,我又能做些什么呢?"

从考克斯特的插图中,演化出了四幅埃舍尔最成功的版画;他简单地把它们称为"圆的极限"。在第一种图片《圆的极限I》(图21.16)中,埃舍尔使用交替出现的黑色和白色长翅膀的鱼,这些鱼沿着与边界圆垂直的圆弧移动。但是,相同颜色的鱼总是头对头或者尾对尾相连这个事实,留下很多值得期待的东西,因为用埃舍尔的话说"每一行中既没有连续性,没有'交通流',也没有颜色的统一"。他的极限图片中最著名的一幅——《圆的极限III》(图18.8)中改正了这些缺点。这是埃舍尔本人对这幅作品的描述:

图21.16　埃舍尔:圆的极限I(1958)。

在彩色木版画《圆的极限Ⅲ》中,《圆的极限Ⅰ》中的缺点大部分被克服。我们现在只有"直通"系列。而且,属于一个系列的所有鱼都有相同的颜色,并且沿着一条从一边到另一边的圆形路线首尾相连游动,离中心越近,它们变得越大。为了使每一行都与其周围形成完全的对比,需要四种颜色。当所有这些成串的鱼像来自无穷远距离的火箭,以直角从边界射出并且再次落回到它射出的地方时,没有任何单个的成员到达边缘。因为边界是"绝对的虚无"。然而,如果没有其周围的空虚,这个圆形的世界也不会存在。这不仅仅是因为"内部"的先决条件是"外部",而且还因为正是在这个"虚无"的外部,建立起这个框架的弧的中心点以几何的精确性被固定在那里。

其他任何人能够如此简洁地表述庞加莱模型的实质吗?①

还应该讲一讲"极限图片"的另外一个系列——建立在对数螺线基础之上的系列。我们在前面已经看到,这种螺线的一个奇特的性质,就是它的每一段都在形状上与其他任何一段相似。难怪埃舍尔在对数螺线中找到了一种能够表达他的想法的最合适的基本图案。在《生命之路Ⅱ》(*Path of Life* Ⅱ,图 21.17)中,他使用了四种交织在一起的螺线,灰色和白色的鱼沿着这个螺线向内和向外移动;经过更仔细的观察,我们发现向内移动的鱼全都是灰色的,而向外移动的鱼全都是白色的。当然,这里还有一个隐含的象征意义:从中心移动出的白鱼代表出生和成长;当它们到达边缘时其颜色变成了灰色,而且它们下沉回到它们出现过的中心,从而完成生命与死亡的循环。

---

① 埃舍尔给考克斯特寄去一份《圆的极限Ⅲ》,然而考克斯特的答复令他困惑不解:"我收到一封来自考克斯特的满腔热情的信,关于我送给他的彩色鱼版画。他花了三页解释我实际做了些什么……十分可惜的是我什么也不懂,丝毫理解不了这些解释……"考克斯特曾经请埃舍尔听他的一个关于非欧几何学的讲演,并且相信他能够跟上这个话题。然而,考克斯特的努力仍未达到目的,从埃舍尔的话中我们可以推测出这一点。——原注

图 21.17　埃舍尔:生命之路Ⅱ。

同一种想法在《漩涡》①(*Whirlpools*,图 18.9) 中得到了完美的表达,依我看这幅图是埃舍尔所有作品中最美的一幅。两组互相平行的螺线系从上部中心发出,并且在无数次旋转后在图片中央变得最大;然后它们再次逐渐缩小,直到它们到达下部中心。红色的鱼和灰色的鱼沿着这两条螺线平静地游动——红色的鱼来自下部中心并且向上部中心游动,灰色的鱼则游向相反的方向。整幅图可以围绕中心旋转 180°——倒过来看这幅图,仅仅只会让红色的鱼变成灰色,并且方向相反。(甚至埃舍尔的

---

① 关于他的图片《漩涡》,他评论道:"我设计了一种只使用鱼的平面划分方法,在黑色螺线上'移动'的鱼'朝向'中心(象征着死亡或临终)。而一列白色的鱼从同一个中心'移向'外边(生命,出生),有吸引力而且同时也难做的事情是鱼的图形向无穷远的缩小。外边的鱼将有约五英尺长,我试图一直减小其尺寸,直到它们成为约半英寸长的小点为止。"(埃舍尔关于他接受一面以这幅图片为基础的大壁画任务之后所作的评论。)——原注

签名也出现了两次——一次在右下角,一次头尾倒置后出现在左上角。)这里以一种最精湛的方法把埃舍尔的大多数想法体现了出来——他对无穷大的痴迷,因为两个中心无穷遥远,我们的鱼永远也无法到达;他对镶嵌、全等和相似性的毕生着迷(每条红色的鱼不仅在灰色鱼中有一个确切的对应鱼,而且这些鱼完整地填充了螺线周围和螺线之间的空间);还有他在描绘运动、变化、周期和节奏方面的出色才能。乌特勒支市委托埃舍尔在一座城市公墓的墙壁上使用同一个图案作画,这一图案可能具有象征意义。他本人完成了这面直径为 3.7 米的壁画(图 21.18)。

图 21.18　埃舍尔:深度。

还是关于《漩涡》的评论："我在使用一种新的图像技术,这种技术基于一个非常有趣的二倍旋转点系统,这种方法难以用语言解释,但是我的做法是根据我划分的模块(或许是三块),只做出它们必须填充在一起的表面的一半;另外一半则在把这些模块旋转180°以后通过其重复产生,我怀疑'公众'能否理解(更别说欣赏)创作这种图画需要多么引人入胜的智力训练。"

我们再次想起一位几乎没有受过任何数学训练的艺术家的数学洞察力。在这方面,埃舍尔与另一位艺术家很相似,尽管他比埃舍尔早两个世纪,而且在一个完全不同的媒体上创作。这个人与埃舍尔有着相似的数学直觉,他就是巴赫(Johann Sebastian Bach)。这两位艺术家都不愿抛头露面,两人都是在去世之后才得到全面认可。最重要的是,他们两人对模式、节奏和规则性都具有一种敏锐的辨别力——巴赫涉及时间上的规则性,埃舍尔涉及空间上的规则性。尽管两人从不承认这一点(或者甚至没有意识到这一点),但他们都是最高层次上的实验数学家①。巴赫的音乐和埃舍尔的绘画②在我们的时代变成了各种大众艺术形式中最受欢迎的主题——巴赫的旋律转化成了从流行音乐和摇滚音乐到计算机创作与合成声音的所有形式,而埃舍尔的基本图案被用来绘制 T 恤衫、广告以及录音带和书的封面,这一点可能不是巧合。他们两人是否会欢迎这种狂热还

① 对称的概念对巴赫的音乐像对埃舍尔的画一样重要。十二平均律音阶实际上是以一个对称群为基础的。由于巴赫的努力,它已成为西方音乐的标准音阶。(因为这个音阶的所有十二个音从音乐角度讲是等效的,所以一首在任何一个键上演奏的旋律在移调到其他任何键时都会保持不变。)巴赫常常在他的作品中明确地使用对称原理;最著名的例子可能是《音乐礼物》(*The Musical Offering*,图 21.19)中的"螃蟹卡农曲",其中的旋律也是它自己的逆向运动的伴奏——在时间方面,每一个正好是另一个的镜像。这可以被认为是埃舍尔《骑兵》在音乐上的等价物,其中的主题和背景在空间方面互相颠倒。螃蟹卡农曲是 Douglas R. Hofsladter 的 *Gödel, Escher, Bach: an Eternal Golden Braird*(Basic Books, NewYork, 1979)一书的开篇主题。——原注

② 关于他的《越来越小》的评论:"我在向许多参观者解释那幅盘状图画时遇到了一些麻烦,但是总的来说人们对这种在一个封闭平面里的无穷世界的美不太敏感。这一点日益清楚。大多数人就是不理解它到底是怎么回事。"——原注

值得商榷,但是在当今的太空旅行和计算机时代,两位伟人以自己的方式把艺术和科学统一在了一起,这可能是两位伟人的最具决定性的贡献。①

图 21.19　巴赫:音乐礼物(1947)中的螃蟹卡农曲。

图 21.20　埃舍尔:立体空间的划分。

---

① 最重要的是,我对由所有这些事情带来的与数学家们的联系和友谊感到非常愉快。他们常常带给我许多新的观念,我们之间甚至存在着一种相互作用。那些博学的女士们和先生们该是多么幽默啊!——原注

第22章　现代卡巴拉①学者

……这里，

在世界的无限旷野里，在其无边的空间中，

即使不断增长的想象力也犹豫不决。

——雪莱(Percy Bysshe Shelley)

    12 世纪在欧洲中部出现了一个犹太教虔诚信徒的神秘运动,名为"卡巴拉"。这些卡巴拉学者相信上帝的超凡把他们带到了 Ein Sof("无穷大")。根据"Kabbalab"(希伯来语:"传统"),上帝只通过他的美德和行为,而从不直接通过他自己给人们以启示。经文中多次提到上帝,只不过是对上帝显现的隐喻。卡巴拉学者在追求精神满足时,追求的是一条通向上帝精神之路——如果说不是上帝自身的话。他们通过由 Ein Sof 发出的 10 个 sephirot(字面意思是"圈层",也作"细目")组成的系统得到了上帝的精神,这个系统变成了隐藏的上帝的象征(图 22.1)。上面的圈层离 Ein Sof 最近,称为"王冠";其次是"智慧""理解力""慈悲",等等,向下直到最低的阶层"王国"。按照卡巴拉学者的说法,人们只有通过这 10 个 sephirot 才能接近上帝的精神;或许我们能够在这里找到一种对极限的

---

① 卡巴拉是犹太教神秘主义体系。——译者注

数学观念的巧妙说明,上帝的精神是一个无穷级数,我们只能接近它的和,但永远也得不到它。卡巴拉以各种各样的几何形式描述他们的 sephirot,如图 22.1。这个系统的复杂性逐渐增加,因为后人增加了新的解释。

图 22.1　Ein Sof("无穷大")带给卡巴拉的 10 个 sephirot,上面的文字是希伯来文。经作者允许摘自 Z'ev ben Shimon Halevi 的 *Kabbalah: Tradition of Hidden Knowledge* 一书(1979),James Russel 插图。

犹太教从不尊崇抽象符号,更不用说物质制品了,然而在 Ein Sof 中,即无穷大中,却发现了一种表示其对上帝精神渴望的符号方法①。这种渴望当然是所有宗教所共有的。东方的宗教,印度教和佛教则尊崇另一种无穷大——永恒,即信仰灵魂在无穷循环中的转世化身。②

---

① 所谓"四字母组合词",即由四个希伯来字母יהוה(通常音译为 YHWH)构成《圣经》上的上帝的名称,这个词实际上是由三个希伯来词היה("他曾是");הווה("他是")和יהיה("他将是")合成的,表示上帝的永恒存在。——原注
② 正像刚开始那样,世界现在没有尽头,而且永远没有尽头。摘自巴赫的《圣母玛利亚颂》(*the Gloria of the Magnificat*)。——原注

但是毫无疑问，正是基督教给出了无穷大概念最明显的表现形式。复活的主题是基督教信仰的核心。它在欧洲的哥特式以及后来的巴洛克式巨大教堂和主教座堂中找到了最终的表现形式。教堂曾经是祈祷和独处的地方，逐渐演变成了颂扬上帝荣耀的巨大圣坛。为了完成这项任务，哥特式建筑师规划并建成了巨大的、令人敬畏的建筑，信徒们在其中会感觉到神的存在。圣坛的来访者在这些高大建筑物前显得很矮小，他不是一次而是两次被征服：首先是从外面，被它们陡峭的高度所征服；其次是从内部，被其内部的广阔空间所征服。哥特式大教堂高耸入云，"塔尖无声指向天空"[引自华兹华斯（William Wordsworth）的《远足》（*The Excursion*）]，给人一种整个建筑物违背万有引力定律，把自身从扎在大地上的地基中提起来飞向无穷大的错觉。而且，教堂内部光线暗淡，有几缕光线从距离地面很高的窗口透进来，给来访者带来了上帝创造天地万物的景象。

人们借助体积巨大的建筑物获得灵感和敬畏感的愿望，在巴洛克风格流行时期达到了顶峰。这个新时代的标志是哥白尼、伽利略、开普勒和牛顿等人的伟大发现，它预示着世界（物质的和精神的）将大幅度扩展。地球不再是宇宙的中心，它只是无限宇宙中的一个小点；人们被宗教信条长期束缚的头脑得到了解放，可以自由自在地寻找新的、未得到探索的领域。所有这些都使无穷大取得了胜利。曾被排斥在科学之外，并且被希腊人作为"恐怖事物"进行围攻的无穷成了一个新时代的主题。一方面是无穷大，另一方面是无穷小（无限小），二者相结合预示着对我们世界的新的、动态的概念——与希腊人的静态的、有限的宇宙正好相反。二者完全不矛盾，这两种无穷实际上以一种最有效的方法形成合力。新创立的微积分以无限小为基石，使物理学家能够在最宏大的尺度上解释地球和天文事件——从潮汐现象到行星运动。它与牛顿的万有引力定律相结合，产生了一个宏大的、统一的宇宙概念，这种概念基于数学推理而不是神学臆测。

新的世界观的意义非常深远，大大超越了科学的范围。美术、建筑和音乐都以一种前所未有的规模得到了扩展。艺术珍宝如今已不再局限于富人的沙龙，中产阶级也可以接近它们了，所以需要更大的大厅容纳它们。宏伟的哥特式教堂除了完成其宗教功能之外，还成了艺术的大博物馆,而且为达到这个双重目的还建了新的殿堂。著名的伦敦建筑师雷恩(Christopher Wren)爵士在牛顿发现微积分学后不到十年,1675 年开始建造他的杰作——圣保罗大教堂,并且在微积分学首次发表的同一年——1711 年完工,这很难说是一种巧合。(牛顿的《自然哲学的数学原理》一书正是在 1687 年这期间出版的,他在这本书中说明了他的万有引力定律。)这座不朽的建筑中的每一样东西——从其宏伟的圆顶到其内部的庞大空间——都是从建筑学角度对新宇宙的赞颂。

音乐方面也是一样,这个新时代标志着一种新风格的开始。管弦乐队的规模和音域都得到极大扩展。观看音乐演出曾经是富人的特权,现在也对大众开放,大众可以充分地享受音乐演出。我们可以尽情想象一下亨德尔(Handel)的《水上音乐》(Water Music)或他的《皇家焰火音乐》(Music for the Royal Firew orks)对沿泰晤士河聚集的伦敦群众所产生的效果;在他们面前,一个大型的管弦乐队乘驳船漂流而下,在空气中充满了从未听到过的洪亮悦耳的声音,乐队后面是焰火表演,焰火照亮了天空,其丰富场面令人难忘。巴洛克时期以其雄伟的风格,成为古典音乐和后来的浪漫主义音乐的先驱,最后在柏辽兹(Berlioz)、瓦格纳(Wagner)和马勒(Gustav Mahler)的大量作品中达到了顶峰。马勒的《第八交响曲》(Eighth Symphony),或称《千人交响曲》规模庞大,需要不少于 8 个独奏者、一个二重合唱队和一个大型管弦乐队——这是一个世纪之前莫扎特合奏团的 10 倍。

此后,在 19 世纪末,无穷大似乎终于从强加于它身上的"恐怖之物"形象中解放出来,并且以与其崇高意义相称的宏大规模庆祝自己的胜利。但是历史中没有什么东西保持不变。当我们现在开始研究无穷大在宇宙论方面的特性时,我们将会看到 20 世纪已经以不止一种方式证明这个胜利正在减弱,而且有限宇宙论将会复活——尽管其复活的方式古希腊人和牛顿的世界都无法预见的。①

---

① 地球存在了十亿多年。关于它何时结束,我的建议是:等一等,看一看。摘自爱因斯坦对一个小孩所提出问题的答复。——原注

第四篇　宇宙学的无穷大

天文学的历史就是边界不断后退的历史。

——哈勃(Edwin Hubble)

两眼盯着无穷远的人类[献给弗拉马里翁(Camille Flammarion)]。

第23章　古代世界

一闪一闪亮晶晶，

满天都是小星星。

挂在天上放光明，

好像许多小眼睛。

——一首广为流传的儿歌

　　从有记载的历史开始，人类就已经在观察头顶上的天空，对天空的神秘惊叹不已①，对像小宝石一样镶嵌在苍穹中的无数颗星星感到好奇。那些星星是由什么组成的？它们有多远？它们为我们提供了什么信息？诸如此类的问题，是由人类对宏伟壮观的宇宙的敬畏引起的，这是创建有关天空的科学——天文学的第一步。旨在研究我们能够想到的最远物体的天文学，是第一个成为现代意义上的成熟科学的知识门类，这个事实很有些悖论味道。与此形成对比的是地质学或生物学——两门研究我们的星球及其居民的学科——它们是在过去几个世纪才作为真正的科学出现的。似乎一种秘密离我们越远，我们解开它的欲望就越强烈！

　　在人类对宇宙的思索中起主导作用的问题是：这个宇宙是有限的还是

---

① 天空宣布上帝的荣耀；苍穹显示他的手艺。(《圣经·诗篇》19:1)——原注

无限的？它有边界吗？如果有的话,边界有多远？或者宇宙是无边界的,在任何一个方向上都可以永远扩展？这两种可能性中的任何一种,都提出好像对我们最基本的空间和时间概念形成挑战的严重问题。如果宇宙有一个边界,那么这个边界之外是什么呢？什么也没有的空间？虚无？如果我们沿一个给定方向走得足够远,我们将到达一个点,在这个点之外什么都不存在,甚至空间自身也不存在——这种情况实在难以想象。但是同样令人不安的是无限宇宙的思想:认为宇宙在空间和时间上无限扩展。这种宇宙对人类会有什么重要意义呢？难道这不是剥夺了人类在上帝的创造物中所处的中心作用了吗？(无可否认,这种中心作用是自封的。)

天文学的整个历史就是这两种对立观点之间无休止斗争的历史。给出的答案和提出的"模型"由于受到科学态度甚至当时流行的宗教信条的影响,而在一个极端和另一个极端之间来回变化。而且正如我们将要看到的那样,这个奥秘至今依然未被揭开。

天文学早在公元前两千年,就在巴比伦、埃及、印度、中国和中美洲蓬勃发展。① 已经发现了一些巴比伦人在陶片上面用楔形文字记录对太阳、月亮、日月食和当时已知的五颗行星的详细观察结果。埃及人和玛雅人根据严格的天文学规则建造了神殿。在上埃及的卡纳克(底比斯)有一座著名的太阳神(Amon-Ra)神殿,它的设计十分巧妙:它的内殿每年一次——在夏至那一天被太阳照亮,而其他所有日子里,它都处在一片黑暗之中。这个事件尽管是十分惊人的,但它的意义远远大于其天文学起因,因为它正好与埃及赖以存在的尼罗河每年一次的河水上涨相吻合。总之,古人擅长于计时技术,而且人们不可能不为巴比伦人和玛雅人历法的精确程度感到惊异。诚然,他们在天文学上的兴趣既受宗教和神话信仰的驱动,也受实际需要(例如用于农业目的的季节预测)的驱动。但是,不管出于什么原因,古人都是对天空的敏锐观察者,而且是一流的天文学实践者。

然而,正是希腊人把天文学从一种实用技术转变为一门理性学科,一门

① 我们从未停止过像好奇的孩子一样站在伟大的神秘世界面前,因为我们出生在那里。(爱因斯坦)——原注

科学。在这一方面,他们遵循的是与他们在数学领域建立起来的相同传统——坚持每种理论都必须由一种合理的论证提供支持。希腊人最先探究世界的物质特性,而且他们借助通过观察得到的证据,为其探究提供支持。此外,希腊人既对与整个宇宙有关的问题感兴趣,也对天文学更世俗的特性感兴趣,所以从这个意义上讲,希腊人应该被认为建立了宇宙学这门科学。

希腊人最早的宇宙模型仍然很原始,因为它们更多地基于神话信仰,而不是可靠的证据。米利都的泰勒斯(Thales of Miletus)是爱奥尼亚(现在的土耳其西部)早期的哲学家之一,他把地球想象成一个漂浮在浩瀚海洋中的扁平盘子,周围环绕着蒸汽组成的大气。这与他的信仰相一致——他相信水构成了组成其他任何东西的"基质"。各种天体——太阳、月球、行星以及恒星——都在这个大气层中飘浮,显然离地球有一个固定的距离,每24小时绕地球转动一周。这确实是一个粗糙的模型,对泰勒斯这样一位在他那个时代的伟大人物来说更是如此;他通晓数学,而且据说曾预测到了公元前585年5月28日的那次日全食;那次日全食出现时吕底亚(在小亚细亚)和波斯两国军队正在进行一场激烈的战斗。参战两军被突然降临的黑暗吓得非常厉害,以至于他们放下手中的武器当场签订了一项和平条约。

阿那克西曼德(Anaximander)是泰勒斯的学生,他用圆筒代替了盘形地球,从而改进了泰勒斯模型;更重要的是,他认为天体在一些不同的"壳层"中运动,所以把它们放在了距地球远近不同的距离上。这是一项重要的创新。但十分奇怪的是,他在确定恒星和月球的距离时,把恒星放在距地球更近的位置上。掩星现象(即由于月球移动而使一颗月球后面的恒星偶尔消失)应该提醒他在这一点上有误。但是可能出于某种原因,他对这种简单的证据置之不理。

壳层观念(即认为天体镶嵌在天球上的观点)在希腊人此后提出的所有宇宙模型中都成为一个恒久的固定成分,只有细节有所不同。而且以后的所有天文学家大部分都全神贯注于这种系统机制的细节。主要问题是说明观察到的复杂的行星运动,尤其是它们偶尔出现的逆行。(在逆行期间,行星似乎是自东向西移动,而不是通常的自西向东移动。)为了说明这种复杂现象,人们提出了越来越多的壳层,这在亚里士多德的模型中达到了顶点；他的模型有至少56个天球，全部都由最外面的"神的天球"推动其运动。希腊人是不是真的相信这些天球的实际存在，或者是不是把天球模型仅仅作为用于解释观察到的行星运动的简便方法（正像玻尔的原子模型那样，玻尔模型也是基于壳层观念的，它解释的是观察到的氢的光谱线），这一点还很难说。重要的事实是：希腊人第一次提出了宇宙的图景，尽管还很粗糙，但是却解释了他们当时已知的天文事实。

使我们感到天真的不是如此多的壳层模型，而是古人对他们感知到的世界大小的各种过低估计。阿那克西曼德的地球从直布罗陀的地中海西端扩展到印度洋海岸，它横跨了当时已知的世界，这一点毫不令人感到意外。关于天体的尺寸，希腊人的估计值差别很大。赫拉克里特（Heraclitus）把太阳想象成一个直径为一英尺的炽热圆盘（这甚至在当时也是一个荒谬的数字），而仅仅两个世纪之后，阿里斯塔克（Aristarchus）就把这个数字扩大到地球直径的约7倍，或者说约为50 000英里①，这与真实值仍然相差了16倍。更天真的是希腊人对宇宙大小的估计值。恩培多克勒（Empedocles）推算包裹宇宙的水晶天球的直径是地球至月亮距离的3倍，而后来的希腊哲学家统统避免估计世界的极限。他们这样做是对的，因为即使是希腊人最大胆的推测，也没有预测到宇宙究竟有多大。

观察证据应该是任何科学理论的基础，从这个意义上讲，我们必须就这种严重低估的数字对希腊人给予一定应有的赞许。希腊人熟知**视差现象**——当我们改变我们的位置时看到一个物体方位也会发生明显改变，并且这种现象在他们的推理中起着关键性作用。当太阳、月球和行星以一种规则的、可预测的方式改变它们的位置时，在恒星的位置方面好像没有发生任何变化（这正是它们被称为"恒星"的原因）。几千年以来，这些恒星在其星座中的位置几乎没有什么变化，因而给古人一种恒定的特征，他们需要这种特征以便安心对待他们在变化着的世界中的存在。有两种方法可以用来解释为什么缺乏任何可观察到的视差：假设地球是静止的而且位于有限宇宙的中心；或者假设恒星太遥远，而由地球运动引起的任何视差都将因太

---

① 1英里相当于1609.34米。——译者注

小而无法被我们的眼睛观察到。希腊人选择了第一种解释。在他们有限的头脑中,设想一个浩瀚的宇宙(地球在这个宇宙中将会缩小为一个无足轻重的点)是不可思议的,这使我们再次想到了他们"对无穷大的恐惧"。而且对于所有的实际目的而言,地球的确好像被静止地固定在苍穹的中心,甚至不受能够显现其运动的哪怕最轻微振动的干扰。因此希腊人认可了两种可能性之中更容易而且更合适的一种:永远被固定在有限宇宙中心的静止不动的地球,而有限宇宙的边界则是恒星的水晶天球。

对于这种令人愉快的世界图景,偶尔可以听到一些不同声音。作为原子论学派创始人的德谟克利特(Democritus)曾经推测银河可能是一个由小星星组成的巨大星团,而不是由呈现在肉眼前的漫射光组成的连续带。这当然非常符合其原子论基本原理:宇宙中的每一样东西都是由大量无法分割的微小原子组成的。然而它的意义远远不止这些,因为如果银河由无数颗星组成,那么其距离也可能非常遥远;这立刻能够解释为什么肉眼无法分辨出构成它的星体。亚里士多德甚至更直率:他宣称"地球的体积与其周围的整个世界相比极其微小"。还有一个声音提出了一种最大胆的想法:位于宇宙中心的是太阳而不是地球,这是萨摩斯的阿里斯塔克的意见。他把恒星不存在可观察到的视差,作为宇宙是浩瀚的、实际上无穷大的证据,他的解释完全正确。但是正像人类历史上经常发生的那样,他的观念提出得太早:希腊人的头脑恰恰不能把宇宙理解为无穷大,因为这个观点把地球从宇宙的中心位置上挤了出去。发现日心(太阳中心)说的荣誉因而只好留待哥白尼来接受。

诚然,希腊天文学家并未把他们的注意力仅仅局限在宇宙学推测上。在更接近自己家园的事情上,他们得到了一些意义非常重大的发现。他们首先认识到地球是球形的,并且第一次实际测量了它的大小。埃拉托色尼对地球周长的测量相当著名,他在公元前 240 年完成了这一壮举,其精度与实际值相差不到 100 英里。很显然,他的同胞并不喜欢这个值(约24 900 英里),因为这意味着地球比他们已知的要大得多。但是,一旦地球的真实大小为人们所接受,这个尺寸就成了一个表示天文学距离的衡量标准。例如,阿里斯塔克通过观察全食期间地球投射到月球上的影子,算出地球与月亮之间的距离约为 40 个地球直径。后来由希帕索斯把这个值修改为 30 个地球直径,非常接近其实际值。希帕索斯在他的计算中运用了三角学(字面意思:"关于三个角,即一个三角形的测量")这一新学科,这个学科由他本人创立,而且给希腊天文学家提供了一种估算天文学距离的宝贵工具。历史学家贾基(Stanley L. Jaki)说:"三角学这门学科在某种意义上是望远镜的前身。它把遥远的物体带到了测量范围之内,而且首次使人类以一种定量方式深入到遥远的太空成为可能,其结果是当时已为人们接受的宇宙结构观点必须进行重大修改。"①

但是,这种"重大修改"还得等待一段时间——确切地说是等到 1500 年。在公元 2 世纪,天文学家和地理学家托勒玫在他的不朽巨著《至大论》(Almagest)中,按照当时人们接受的方式,总结了希腊人的世界图景,这是一部可以与欧几里得《几何原本》相比的十三卷天文学知识汇编②。这个世界图景很简单:永久地固定在有限宇宙中心的地球,其周围是由恒星组成的苍穹。托勒玫以地球为中心且有限的宇宙将成为此后 15 个世纪中欧洲天文学的基石,而且,它成了罗马天主教教会的官方宣言,所有信徒都必须毫不含糊地加以遵循。对这个宣言的任何背离都被认为是异端,而且任何独立思想的迹象都被无情地镇压下去。其后果对科学的出现是一种摧残,欧洲由此进入黑暗时代。

---

① *The Relevance of Physics*,The University of Chicago Press,1966。——原注
② 正如 400 年前的欧几里得一样,人们很少知道托勒玫,甚至连他的生卒年也不知道。(他与 500 年前统治埃及的托勒密王族没有任何关系。)两个人都出生在亚历山大(古代的知识中心),而且他们都在那里撰写著作。与欧几里得的《几何原本》(也是十三卷)一样,《至大论》不包括托勒玫自己的发现,而是前人的天文学观察与理论汇编,包括根据希帕索斯的著作对约 1000 颗星体的分类。在这个分类表中,托勒玫列出并且确定了 48 个星座的名称,而且这些名称至今还在使用。

　　Almagest 是阿拉伯语,意思是"最大的",它采用的早期名称是 Syntaxis Mathematica("数学汇编"),后人加上了最高级 magiste("最大的"),目的是与其他作品相区别。与绝大多数希腊人的著作一样,托勒玫的著作是通过阿拉伯文译本为西方世界所知晓的。所以,希腊语 magiste 就变成了阿拉伯语 Almagest。最早的拉丁文译本出现于 1175 年,从那时起到 16 世纪,它在欧洲的天文学思想中一直占有主导地位。——原注

第 24 章　新的宇宙论

　　打开一扇大门,通过它我们可以观察无限的统一的太空。

　　　　　　　　　　　　　　　——布鲁诺(Giordano Bruno)

　　天文学在中世纪并没有完全停滞不前,很多阿拉伯和犹太天文学家工作在西班牙、波斯和土耳其,他们对恒星和行星进行了大量的观察①,并且运用这些观察结果对天文学图表进行了修改。更重要的是,这些学者重新发现了希腊人的很多数学和天文学著作,并且把它们翻译成阿拉伯文,然后又翻译成拉丁文。正是主要通过这些译文,我们才能够了解希腊的科学。但是,尽管这些贡献很重要,它们却未曾改变人类的宇宙基本图景。这个图景实质上是一幅亚里士多德-托勒玫式的图景;按照这幅图景,静止不动的地球位于有限宇宙的中心,而宇宙则是由天球壳层组成的,行星和恒星镶嵌在壳层之上。

　　这幅世界图景开始时变化很慢。在意大利帕多瓦大学学习的德国学者和神学家库萨的尼古拉(Nicolaus of Cusa)可能是第一个预测宇宙是无

① 伸展到最遥远的恒星的空间一定是无法测量的! 那个想象中的天球的深度如此之遥、如此之广! 相距最远的恒星离地球如此之远,它们超越了所有的视线、所有的技能和所有的思想! [吉尔伯特(William Gilbert),《磁石论》(*On the Magnet*),London,1600]——原注

限的人。在他的名著《论有学识的无知》(*De docta ignorantia*，于 1489 年作者去世后发表)中，他宣称：因为宇宙是无穷大的，所以它既没有中心也没有周围；相反地，任何一个点都可以被看成是中心，正如对海上的观察者来说，所有方向上的地平线都是等距的，且与观察者的位置无关。在这方面，库萨无疑是受他对数学无穷大、数的无穷大和无尽分割的强烈爱好的影响。然而，库萨的宇宙与他之后布鲁诺的宇宙一样，其基础更多地依赖于神学推测而不是科学推理：宇宙之所以无穷大，是因为上帝的全能不能容忍边界的存在。所以说，虽然库萨否认地球是宇宙的中心，而且他对未来神学思想的影响也相当大，但是他不能被看作是哥白尼革命的真正先驱。

　　无穷大宇宙的模糊线索来源于其他方面。德国天文学家和数学家冯·普尔巴赫(Georg von Peurbach)把他的宇宙论建立在托勒玫模型的基础之上，但是在恒星的最外层天球(太空)上，他加上了另一个天球：第十层天，它推动着其他球面运动。哥白尼同时代的阿皮亚努斯(Petrus Apianus)又加上了另外一个天球(Empyrium)——上帝的住所(图 24.1)。这些宇宙"模型"几乎全

图 24.1　阿皮亚努斯《宇宙论》(*Cosmographia*)中的宇宙，周围的天球是 Empyrium——上帝的住所。由 Gerald Tauber 的 *Man's View of the Universe*(Crown 出版社 1979 年版)复制，经 Crown 出版社允许。

都是神学创造,这就意味着是在美化和歌颂亚里士多德的体系。如果说就这样一幅世界图景的正确性有人提出过什么疑问的话,这些疑问也被精心地秘密保存起来。谁也不敢公开挑战罗马天主教会公布的正式教义,而这种教义教条地遵从于旧的系统。在某些情况下,提出的模型甚至对旧系统来说也是一种倒退;普尔巴赫实际上相信水晶天球的存在,这种观点就连托勒攻也没完全采纳。然而,当向系统添加越来越多的外层天球时,我们发现至少间接承认了如下事实:即使说宇宙实际上不是无限的,它也要比以前想象的大得多。

哥白尼的革命必须从这样一个角度加以判断。哥白尼于 1473 年出生于波兰,他首先在克拉科夫大学学习天文学,后来去了意大利,并且在那里完成了他的医学和法律学业。但是他的主要兴趣在天文学,而且当他于 1507 年返回他的祖国时,他就任了佛劳恩堡大教堂的僧正,这个职位使他有大量的时间研究天文学。哥白尼在佛劳恩堡度过了他的余生,而且正是在那里,他写成了他的第一部著作《要论》(*Commentariolus*)。这部作品仅仅是给朋友的短文集,然而却总结了哥白尼关于宇宙的新观点。他的七项主张中最重要的是断言:

    1. 太阳而不是地球位于宇宙的中心;

    2. 所有行星——包括地球——围绕着太阳运行;

    3. 正是地球绕其轴的转动——而不是天空绕地球的转动——才产生了昼夜的交替。

这三项主张将成为新宇宙论的基石,而且是当时人类历史上最伟大的科学革命。然而,同等重要的是哥白尼的第四项主张(尽管常被忽视),这项主张用哥白尼自己的话说就是:"与地球相比太空是广阔的。"他认为,甚至地球绕太阳运转的半径"与固定恒星的天球相比也是微不足道的"。

这便是哥白尼体系或日心说的实质(图 24.2)。从它自身的情况来看,这个体系实际上并不像想象得那么具有革命性。的确,哥白尼把地球从宇宙的中心位置降了下来,而且用太阳替换了地球①。但是,他的宇宙

---

① 这个星球以一种自然、均匀和奇妙的滑行和平稳的运动旋转一周,使其周期成为我们的一天。正是由于这一点,这个对我们来说,似乎巨大的、无限的、无法移动的星球,能够倾斜着来回漫游。[迪杰斯(Thomas Digges)]——原注

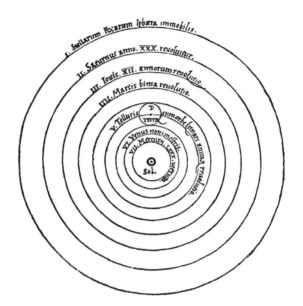

图 24.2　哥白尼的宇宙,摘自 *The Copernican universe*。

仍然是一个由圆和球组成的奇妙装置,而且仍然是一个有限的宇宙,有关在行星系统中可能起作用的任何其他形状的想法,还得等待开普勒提出①。然而,由于缺少任何可以测量的恒星视差(在此之前一直被认为是由地球的静止状态造成的),使得他确信他的宇宙比以前任何人想到的都要大得多。具体说来,他断言恒星的天球至少是地球与太阳之间距离的

———————————

① 与托勒玫的体系相比,哥白尼提出这个体系的主要目的,是提供一种对行星运行,尤其是其偶然出现的逆行的更方便的解释。在托勒玫的体系中,本轮起着主要作用,本轮是指圆心沿着另一个圆的圆周移动的圆(由此造成的曲线,很像一个螺旋线圈,呼吸描记器会绘出这样的曲线)。托勒玫使用这些本轮说明外行星——火星、木星和土星等好像不规则的运动;但是,由于观察数据不太适合于这个系统,所以托勒玫加上了越来越多的本轮,因而使这个系统极其复杂。哥白尼把所有的行星运动都归因于太阳而不是地球,从而说明了这个问题,而这个方法可以不使用本轮。(然而,他保留了它们以说明行星的变化速度,这种现象在开普勒一年后发现行星沿椭圆轨道绕日运行才得到充分解释。)简而言之,哥白尼的系统最多不过是一种数学理论,至少从它的原始概念看是这样。这与后人给予它的深刻的哲学解释大相径庭。(公元前 3 世纪的阿里斯塔克就已经想象到了一个日心系统。)——原注

一千倍,而且至少是土星与太阳间距离的 75 倍。所以他清楚地认识到,有一个巨大的间隔,把我们的太阳系边界与恒星领域分割开来。小宇宙的古老图景是依据地球上的距离测量的。打碎这个古老图景的荣誉归功于哥白尼,而且只归功于他自己。即使他实际上并未承认无限宇宙的存在,我们仍可以原谅他。著名的科学史学家科伊雷(Alexander Koyré)说:"那个迈开了第一步(中止了恒星天球运行)的人在迈出第二步(将它融入无限空间)之前犹豫不决;一个人使地球运动并且扩大了世界的范围,使其**无边无际**,这就足够了;要求他让这个世界无穷大,显然要求太高。"①

尽管哥白尼的名字使人们充分感受到一个革命狂热者的气氛,但这个佛劳恩堡大教堂的僧正却是一个安静、孤独的人,改变世界的想法离他极为遥远。他把他的研究编成了一本名为《天体运行论》(De revolutionibus)的 6 卷本著作,这无疑是沿用了托勒玫《至大论》的模式。他这部著作(主要部分于 1533 年完成)中的绝大部分,研究的是宇宙的天文学问题,例如球面三角学、日月食理论以及对托勒玫恒星图表的更新,只是在第一卷简要介绍了他的新理论(尽管以后的很多材料都依赖于这个理论)。但是哥白尼不愿意发表这部作为他毕生工作总结的不朽著作,他无疑是害怕这部著作会激怒天主教会。只是在他的几个弟子不屈不挠的激励下,他才最终作出了让步。但是出版过程进展缓慢,并且几次被打断。当这部著作最终交付印刷时,它的作者已经是一位年迈多病的人,他只能修改长条校样和由编辑写成的,事实上是否认哥白尼在这本书中曾经说过的任何东西的前言了②。只是在他去世前几个小时,《天体运行论》的首版才送到了他的病榻前。他于 1543 年 5 月 24 日逝世。

---

① 参见 Alexander Koyré 的 *From the Closed World to the Infinite Universe* 一书,Johns Hopkins University Press,Baltuimore,1974。——原注

② 编辑奥塞安德尔(Andreas Osiander)是一个路德派教士,并且积极参与改革运动。在写那篇有争议的前言时,他显然是想保护自己免受任何异端指控。(路德本人非常坚决地反对这个新理论。)不管怎么说,其效果是损坏了哥白尼作为彻底为真理而战的战士的声誉。直到 1609 年,开普勒才在一本《天体运行论》(*De Revolutionibus*)中发现了一份能够确定前言真正作者的注释。然而,在当时哥白尼的声誉已遭损坏,又过了很多年才得以恢复。——原注

哥白尼的新宇宙论现在必须为赢得他人的接受而开始努力。尽管哥白尼没有蒙受一个世纪之后将会落到伽利略头上的那种羞辱，但人们对这部著作的最初反应还是很冷淡。他的体系的拥护者为数不多，其中之一是英国天文学家迪杰斯（Thomas Digges）。他在 1576 年出版的一本书中不仅采用了哥白尼的体系，而且还主张宇宙是无限的，这使他成为第一位这么做的职业天文学家，他的宇宙是用一个图说明的（图 24.3），它清楚地表明太阳位于中心位置，它的周围是 6 颗行星的轨道（从太阳往外数第三颗是地球）。在最外层轨道（即土星的轨道）之外，是一个很大的间隔，在这个间隔之外是恒星领域。在这个间隔中，迪杰斯加入了一段题词："这个被无限地固定在那里的恒星轨道，呈球面状扩展其自身的高度，所以是不可移动的……"

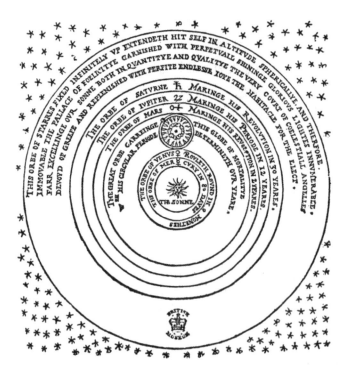

图 24.3　迪杰斯的宇宙，可能是第一次明确提到一个无穷大的宇宙，摘自 Thomas Digges 对他父亲 Leonard Digges 的 *Prognostication Euerlasting* 一书（London，1576）的补充。

"所以"一词很有趣——它表明迪杰斯认识到让一个无限的宇宙绕着一颗很小的地球或太阳运行不合情理。然后这段题词从道义上歌颂了上帝创造万物的伟大,把恒星描述成"闪耀着无数道壮丽的光芒",并且把恒星的住所描述成"天国天使们的庭院"。天文学家迪杰斯不得不借助于当时十分流行的、人们所熟悉的神学主题安慰自己,这并不令人意外。我们在这里看到了在接受无穷宇宙之前人类大脑必须进行的思想斗争。

我们在布鲁诺的悲剧性生活与死亡中,找到了神秘主义与理性思考的更大的混淆状态。人们因为布鲁诺的殉难将永远记住他的名字,他是一个因拒绝放弃自己的信仰而作出最大牺牲的人①。让我们感到失望的是,布鲁诺既不是一位科学家,也不是一位真正的哲学家。他更接近一名传道士,甚至可能是一个惹是生非的人。他漫游西欧,鼓吹他的非正统的观点,因而给自己招来了天主教会的怨恨(可能是故意这样做的)。布鲁诺出身贫寒,他在十四岁进入了那不勒斯的多明我会的修道院,而且在那里他首次读到了哥白尼的《天体运行论》。他马上变成了新宇宙论的狂热信徒——这一举动适合于他独立的、近乎反叛的性格。他由于对盲从教会的教条不满意,而把哥白尼当成了一个值得赞美的人物,一个对抗教会并且向其坚固的传统提出挑战的反抗形象。(可是我们前面已经看到,哥白尼的头脑中并没有更进一步的东西。)但是,哥白尼是一位数学家和天文学家,他的学说建立在严格的理性论证之上;布鲁诺是一位空想家,他继承了大师的理论,并且从精神角度对其扩展,使其涵盖整个宇宙。哥白尼的主要学说研究的是地球的运行,而布鲁诺则看到了一个无限的宇宙,这个宇宙由无穷多颗像我们的太阳一样的恒星组成,每一个恒星都由行星围绕着,行星上的智慧生物繁荣昌盛。无穷是布鲁诺的箴言——时间和空间的无穷、精神的无穷和物质的无穷。他的推测(人们甚至必须称

---

① 我实际上没有任何意图想断言某种曲面、边界或极限的存在,在其之外既没有物体又没有虚空,甚至上帝也不存在,那是不可能的。摘自布鲁诺的《论无限宇宙和世界》(*De l'infinito universo et mondi*)——原注

之为异想天开）甚至把他带到了我们自己的宇宙之外——上帝的邻域。
但是与他的前辈不同，他很少求助于传统的基督教象征手法，他更接近于
《圣经·旧约》的智慧书，而且有时他听起来几乎像一位虔诚的犹太教神
秘主义信徒。在描述上帝的永恒智慧时，他把它比喻成无限的光辉，它
"通过光线的辐射撒向我们，而且传遍所有事物并融入其中"。他一次又
一次地回到了他的无穷大想象。他想象中的宇宙规模宏大，在空间上无
限，在时间上永恒，这个宇宙由像我们自己的太阳一样的数不过来的太阳
组成：

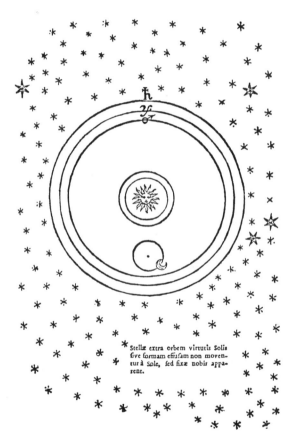

图 24.4 吉尔伯特的宇宙，摘自 *De mundo nostro sub-lunari*（Amsterdam，1651）。

"只有一个唯一的总的空间,一个唯一的广袤的无限空间,我们可以直接地把它称为真空:其中有无数个星球像我们生活和成长的地球一样。我们称这个空间为无穷大。因为无论是推理、约定、感知还是自然界,都没有赋予它一个极限。在其中,有无数个像我们自己的世界一样的世界。因为大自然都没有理由或不足——不管是主动的还是被动的力量,能够妨碍与我们自己的空间一模一样的空间中其他世界的存在。"

在布鲁诺的著作中,最著名的是《论无限性、宇宙和诸世界》,这部著作于 1584 年在威尼斯首次出版。这部著作采取四个"演讲者"之间对话的方式,其中的费罗西奥(Philotheo)是伪装起来的布鲁诺。它的开篇就是埃尔皮诺(Elpino)问他的同事:"宇宙怎么可能是无限的呢?"费罗西奥针对这个问题反问道:"宇宙怎么可能是有限的呢?"对话就这样继续下去,直到最后费罗西奥说服其他人接受了他的观点。在这里,以及在布鲁诺的其他著作中,我们发现了一种唯灵论与健全推理的混合物。因此,在证明无限宇宙既没有中心也没有周围这一观念的正确性时,他说:"对于一个体积无穷大的物体来说,它既没有中心,也没有边界……正像我们认为我们本身处于作为整个地平线和我们自己周围天区的边界极限的那个等距圆的圆心一样,月球上的居民也毫无疑问地相信他们自己处于包括我们这个地球、太阳和其他恒星在内的,作为他们自己视野所及边界的中心。所以,地球与其他恒星一样都不在中心位置。"在这里,布鲁诺以一种完美的论证,预见了相对论,这个原理将在三个世纪以后在物理学上起到重要作用。但是,我们在他的《宇宙论》(*De immenso et innumerabilitus*)中发现了一种截然不同的论证:"唯一的无限者是完美的;任何东西也不会大于或好于它,这一点简单自然。这是一个无所不在的整体,上帝、万能的大自然。除无穷之外,没有东西可以作为其自身的完美映象和反射,因而有限是不完美的;每一个感性的世界都是不完美的,故恶与善、内容与形式、光明与黑暗、悲伤与欢乐结合在一起,万物无处不在地在变化和运动中。但是所有的事物都在无限中趋于统一、真理和善的秩序,据此它被称为**万物**之总和。"而且当他回到他所热爱的主题(世界的多元性)时,他用布道者的热情说：

> 上帝的超凡就这样被推崇，上帝王国的宏大就这样被表现出来；他不是在一个太阳，而是在无数个太阳上被赞美；不是在一个地球上，而是在一千个地球上，啊！是在无穷多个世界上被赞美。

布鲁诺最后 8 年的故事将永远成为历史记载中最动人的故事之一。由于在公开布道中激怒了教会当局，他被罗马天主教宗教法庭追捕，并且最终落入他们的手中。在这一点上他自己也有责任，因为他很乐意地接受了宗教法庭代理人蒙西尼戈（Giovanni Mocenigo）的邀请去了威尼斯，表面上是当后者的老师。其后果是不可避免的：他遭到了逮捕，因异端学说被审问，而且被判处死刑。我们永远也不会知道，是什么可以使一个人经受住了这种极端的考验，但是，可能是他对宏伟宇宙（**他的**宇宙）的无限欢欣，才鼓舞了他的精神，使他经受了这场严峻的考验。他于 1600 年 2 月 17 日在威尼斯被绑在火刑柱上活活烧死，至死也没有放弃他的信念。

第 25 章　边界在后退

> 所有事物都是一个巨大整体的一部分,大自然是其身体,上帝是其心灵。
>
> ——波普(Alexander Pope)
>
> 啊,人类的复杂作品是那样地不同于大自然那简易、朴实、饱满的设计。
>
> ——考珀(William Cowper)

布鲁诺惨死之后不到十年时间,发生了一个能够完全证实他及他的先师哥白尼观点的事件。当时已经是著名科学家的伽利略在 1610 年 1 月 7 日把他的新型望远镜对准了木星这颗行星。令他吃惊的是,他发现这颗行星周围有四颗小天体,他正确地判定它们是四颗环绕其主体的卫星。他把它们称为美第奇星,目的是向美第奇家族表达敬意,因为伽利略希望在这个家族的部门中供职。这里是一个完整的小型太阳系——小天体环绕着一个大天体,而且它给日心说(即使在那时也远未被广泛接受)理论提供了尽管是间接的却很有力的证据。当伽利略发现比地球更靠近太阳的金星也具有像月球一样的盈亏时,他得到了更为有力的证据,这就很有说服力地证明金星一定是在绕太阳而不是绕地球运行①。然后他把他的望远镜(他称之为"间谍镜")对准了月球,而且看到了人类眼睛以前从未见到过的奇观——一颗山谷、山脉、平原和"海洋"纵横交错的天体——简言之,这个与我们自己的世界没什么不一样的不完美世界,和希腊人的水晶天球相差甚远。更令人兴奋的是,伽利略又把他的注意力转向了银河系——那个在晴朗的黑夜能够看到的天空中的漫射光带——并且发现它由无数颗肉眼看不见的恒星组成。然而,他的望远镜却无法放大这些恒星,甚至连最亮的那些也放大不了,这个事实告诉他那些恒星的距离一定非常远,这是说明宇宙比以前任何人想象的要大得多的直接证据。我们能够很容易地想象他对他的仪器为他打开的那个巨大新空间感到兴奋。提到亚里士多德,他在《关于两大世界体系的对话》(*Dialogue on the Two Chief World System*)中写道:"我们能够辨别天空中很多他不能看到的东西,所以我们研究天空和太阳时比亚里士多德更有信心。"通过这些简单的话语,伽利略开辟了天文学上的一个新时代——望远镜时代。

所有这些发现的结果是一本很流行的小书《星际使者》(*The Starry Messenger*),伽利略在这本书中用热情洋溢的语言描述了他的新发现。这本书一经出版就大获成功,为天文学这门科学的普及作出了巨大贡献。但是,他那些学识渊博的同行们对此反应却不那么热情:他们意识到伽利略的发现直接威胁着他们的权威地位,所以开始设法使他保持沉默。经过很长时间的操纵和谋划,他们设法把这件事情提交给教会法庭。当时已是一位老人的伽利略被传唤到罗马,在圣椅面前受审。在几次听证之后,他被迫承认在传授哥白尼体系方面"有罪",最后他宣布放弃自己的信仰。毫无疑问,他想起了布鲁诺的命运。据说宣判后他对抗性地宣称:"它(地球)依然在转动。"他确实逃避了布鲁诺的命运,但是却很勉强,他

---

① 尽管这一发现本身并非像哥白尼体系所要求的那样,充分地证明地球绕太阳运转。事实上,第谷·布拉赫体系(其中的行星绕太阳转,而太阳又绕地球转)同样也能很好地说明内行星水星和金星的盈亏现象。——原注

的最后几年实际上是在软禁中度过的①。长期的严峻考验和双目完全失明加重了他的痛苦,他于 1642 年 1 月 8 日去世。

我们必须简要介绍一下与伽利略同时代的两个人关于宇宙性质的观点。第谷(Tycho Brache)是丹麦一位伟大的观测天文学家,他提出一个介于托勒玫的地心体系和哥白尼的日心体系之间的行星体系:五颗行星绕太阳运行,而太阳则绕着静止不动的地球运行。第谷以不存在恒星的任何可观察到的视差,作为地球静止的证据;与希腊人一样,一个巨大宇宙的可能性不适于他,尽管这种可能性同样也能说明这个事实。有一段时间他的体系十分流行,其原因是它能够不借助日心体系解释行星的运动。(事实上,这两个体系在数学上是等价的,因为一个物体相对于另一个物体运动的相对性可以很清楚地说明这个问题。)但是,第谷对天文学的主要贡献是他对恒星及行星位置的观察,他在丹麦的赫芬岛上建立了自己的天文台,并且以极高的精确度完成了这些观察。开普勒正是根据这些观察资料,才能够推导出他那著名的行星运动三大定律②。他得到这三个定律是多年努力的结果。他是一个狂热的毕达哥拉斯信徒,他既受到了神秘思考的引导(或误导),也受到合理科学论证的引导,但是这并没有使他对三大定律的推导变得更容易。他试图把他的行星定律建立在五个正多面体的几何学基础之上(他相信五个正多面体对应于五颗行星);当这样做失败之后,他转向了音乐和声定律,根据每颗行星到达太阳的距离赋予它们一个旋律。尽管如此,开普勒定律仍是一项最伟大的成就,它们第一次给天文学家一个可以在此基础上进行计算的精确的定量理论。

---

① 正是在他生命的最后一段时间里,伽利略写成了他的第二部"对话"——《关于两门新科学的对话》。他在其中阐述了他关于数学无穷大及其悖论的一些思想(见第一篇)。——原注

② 开普勒定律是:

  i. 恒星沿椭圆轨道绕太阳运行,太阳位于椭圆的一个焦点上。

  ii. 连接每颗行星与太阳的向径在相等的时间里扫过相等的面积。

  iii. 每颗行星绕太阳运动的公转周期的平方与它们到太阳的平均距离的立方成正比。——原注

而且,他发现了行星沿椭圆轨道绕太阳运行(开普勒第一定律),从此彻底地终结了旧有的完美的水晶天球理论,事实上结束了希腊天文学。然而,开普勒与第谷一样不能接受宇宙无穷大这种可能,而且布鲁诺关于世界多元性的幻想使他充满了恐惧,他在《新天文学》(De stella nova)中写道:"在那个无穷远的地方漫步,确实对谁都没有好处。"

　　某个人出来把这些新发现统一成一个单一的、包罗万象的理论的时机,至此已经成熟。这项任务就落在了牛顿身上,他于伽利略去世的那一年(儒略历)的圣诞日出生。如果我们在这里只花一点篇幅来介绍牛顿,那只是由于他的生活及工作在其他地方已经广为流传。牛顿的卓越成就在于他能够通过一些看似不相关的现象,发现一种独一无二的统一原理,而且还能够用数学方式把它表达出来。从这个意义上讲,他是理论物理学的奠基人。他以自己的洞察力认识到苹果落地和行星绕太阳运转服从于同一个定律——万有引力定律①。(他先是为地月体系推导出了这个定律,后来又把它推广至任意两个物体。)他在《自然哲学的数学原理》中宣布了这个定律,标志着现代天文学达到了成熟期。

　　万有引力定律与牛顿的运动三大定律②一起构成了天体力学的基础,而且,甚至20世纪初爱因斯坦的广义相对论对它的取代,也没有削弱

---

①　这个定律表明:任何两个物体之间的引力大小与它们的质量乘积成正比,与它们之间距离的平方成反比。(故而也经常被称作"平方反比定律"。)用数学形式表达为:

$$F = \frac{Gm_1 m_2}{r^2}$$

　　英国化学家和物理学家卡文迪什(Henry Cavendish)于1798年在一个他用来精确测量两个重物之间极小引力的经典实验中,得到了比例常数 G 的值。G 的值(在厘米–克–秒单位体系中为 6.67×10^{-8})是物理学的一个基本常数。——原注

②　这些定律是:

　　i. 一个静止的物体保持静止,运动的物体保持匀速直线运动,除非它受到外力的作用。(惯性定律)

　　ii. 当一个力施加到一个物体上的时候,它使该物体加速:这个加速度与力成正比,与物体的质量成反比。($F = ma$)

　　iii. 任何一个作用力都有一个大小相等、方向相反的反作用力。——原注

它在诸如确定卫星与航天飞机轨道等问题中的作用。不仅如此,它的重要意义远远超出了天体力学的范围,因为如果同一条定律适用于所有引力现象(不管是在地球上还是在宇宙的遥远角落),那么人们难免会得出这个宇宙一定是无限的这一结论。牛顿自己不仅相信宇宙是无限的,而且它是同质的和各向同性的,也就是说在任何地方和任何方向上都是同一种结构①。他宣称,只有这种宇宙才能够保持自身的重力平衡,并且避免向其中心坍塌。

> 在我看来,如果我们的太阳和行星的物质,以及宇宙的所有物质都均匀地散布在所有的太空,如果每个粒子对其他所有粒子都有一个内在的引力,而且如果这个物质散布其中的整个空间是有限的,那么,这个空间外层的物质将由于引力作用趋向内部,其后果是落到整个空间的中心,从而形成一个巨大的球状体。但是,如果物质均匀地分布在一个无限的空间中,它将永远也不会聚集成一个整体;而是物质的一部分聚成一团,另一部分聚成另一团,结果会形成无限多个巨大的物质团,并且在无限空间中彼此间距离都非常远。这很可能是太阳和恒星的形成方式。

《自然哲学的数学原理》在以后的历代科学家中产生了巨大的影响。它对力学原理进行的学究式的阐述,使它在物理学中像欧几里得的《几何原本》在数学中一样具有权威地位。而且,直到20世纪开始的时候,人们才对其前提条件提出了疑问②。牛顿理论成功解释了所有的已知引力现

① 狭义地解释"宇宙"一词,只能指物质宇宙,牛顿可能是这么想的。然而,牛顿还假设作为几何实体的空间是无限的,各向同性的和同质的,亦即一般的三维欧几里得空间。1916年爱因斯坦的广义相对论正是对后一种假设提出了挑战。——原注

② 《自然哲学的数学原理》采用了具有《几何原本》特征的严谨风格,其定义、公理和命题都按照一种精心设定的逻辑顺序排列;无疑牛顿受到了他的古代前辈确立的传统的影响,因为他对希腊科学怀有深深的敬意。令人惊奇的是,他的著作从未使用微积分学这门由牛顿自己在二十年前已经创立的,并且很快将成为物理学不可分割的工具的数学分支。相反,《自然哲学的数学原理》主要是依靠几何论证,这又可以看出欧几里得的影响。这部著作1687年首先以拉丁文出版,直到1729年,也就是牛顿去世两年之后,英译本才首次出现。——原注

宇宙学的无穷大　第四篇

217

象(行星的运行、潮汐现象以及岁差①),使大多数科学家相信**所有的**自然现象最终都应根据少数基本原理和数学方程进行预测。这种关于大自然的"决定论"观点会在其后的200年里统治着物理学,直到20世纪初人们才对此提出疑问,并且用一种更"概率论"的观点取代了它。到此为止,人类好像即将深入宇宙最遥远的角落,揭开其隐蔽的秘密。

在这里,真理得以升华,具有难得的科学魅力。

创造性技术提供了新的能力,

机械动力比巨人之臂给予的更多,

敏锐的光学比雄鹰的眼睛看到的更多。

探索大自然奇妙规律的眼睛,

教我们崇拜伟大的神的设计。

——贝蒂(James Beattie)

---

① 古人已经知道这种现象——地轴每26 000年一周期地缓慢旋转,但是在牛顿之前一直没有人对这种现象进行充分的解释。牛顿正确地把岁差归因于由于地球不是一个完美的球体而引起的太阳引力牵引的摄动。这种现象可被比喻成一个陀螺,其运动被外力所扰动,便产生了其轴的缓慢岁差。——原注

第 26 章 一个悖论及其后果

> 我有一种强烈的预感：如果恒星的数量是无限的，那么它们所呈现的球面都将被照亮。 ——哈雷（Edmond Halley）

视域在不断扩展，这不仅使科学界为之雀跃，哲学家、作家、博物学家和诗人也为望远镜给他们带来的新景致而欣喜。现在他们开始描述这一新的宇宙论。他们的想象力甚至把他们带到了最强大的望远镜所无法到达的领域。作为对布鲁诺的回应，英国哲学家和诗人莫尔（Henry More）在他关于世界多元性的诗里写道：

各个行星世界都有自己的中心——太阳……

它们都在绕自己的太阳旋转，

犹如一群飞蛾围绕着烛光。

它们构成了一个整体的世界，

令我无限神往。

这样的世界还会有无限多啊！

使我有极充分的理由去想象上帝无尽的善，无尽的荣光。

莫尔于 1646 年在伦敦发表了他的诗歌《德谟克利特柏拉图主义者》或叫《基于柏拉图原理的无限世界之论述》（*An Essay upon the Infinity of Worlds Out of Platonick Principles*）（显然，他用了很长的题目，是为了吸引当时读者的注意力）。莫尔不仅为无限宇宙中遍布着无数个像我们的世界一样的世界而欣喜，他还坚持认为时间也是无限的。有位叫杨格（Edward Young）的诗人曾"证明"：

> 空间和世界浩森无边；
> 有了这不言自明的断言，
> 我便得到了片刻的时间，
> 去讴歌时间的无限。

他甚至预见了大爆炸和宇宙的起源。在《夜思》（*Night Thoughts*）中，当他对光线穿过无限的距离加以反思后，写道：

> 圣人曾言，宇宙无边，
> 光线应是宇宙中赛跑者之冠，
> 这样的断言并不荒诞。
> 自然界诞生时发出的光线，
> 今天才在我们的地球上闪现。

他还看到了无限宇宙和无限时间之间的关系：

> 漫游者在太空无休止地漫游，
> 向我们揭示了另一个道理：
> 不仅空间无边，
> 更有时间的无限。

天空所展现的数学上的壮观，使杨格激动不已，然后他又让自己的想象力驰骋到未知的旅程：

> 让我摆脱地球的樊篱，
> 让我离开太阳的围栏，
> 让我的心灵脱离羁绊；
> 去漫游那未知的世界，
> 去漫游那陌生的疆域……
> 这样的旅程也许世人还不曾听说，
> 而漫游者却早已在路上大步向前。

18 世纪的诗人在歌颂"无穷大之美"①时,总是使用无限的语言去描绘世界的无边无际,此时的天文学家对太空的知识也在不断扩展。1781 年,德国出生的英国人赫歇耳爵士(William Herschel)(他原是一位音乐家,后来成为一位天文学家)发现了一颗新的行星——天王星,它在距太阳为土星与太阳距离两倍的轨道上绕太阳运行。这个发现是自古以来人类对太阳系认识的第一个重大进步,它在科学界引起了巨大的反响。随后又发现了一些新天体。1801 年第一颗小行星被发现,随后的几年又发现了数以百计的小行星。天文学家又通过望远镜发现了几十颗人类肉眼无法捕捉的彗星。同时,主要行星的已知卫星的数目也不断增加(赫歇耳在他发现了天王星之后的 6 年时间里,又发现了它的两颗卫星)。最为重要的是,天文学家借助高倍望远镜,又把他们的目光转向了太阳系以外的星体。赫歇耳用他的长 40 英尺、直径 48 英寸的望远镜对天空进行了系统观察,发现了上百颗双星、三星、星团,以及当时性质还不明的天体,即所谓的"星云"——这一术语揭示了它们模糊而分散的外观特点。赫歇耳的儿子约翰·赫歇耳(John Herschel)把他父亲那范围广泛的观测工作扩展到南半球,标志着天文学界的研究重点从太阳系转向了其他恒星;这项研究随着 20 世纪 20 年代对我们所在星系结构的发现达到顶峰。

> 是何等伟大的扭转乾坤的力量,
>
> 最先把庞大的行星
>
> 送入无际的太空,
>
> 开始它们的历程。
>
> 又在千万年的岁月流逝中,
>
> 抹去勤劳的种族,
>
> 以及他们所有劳作的标记,

① 这个词组来自 Marjorie Hope Nicolson 的 *Mountain Gloom and Mountain Glory: The Development of the Aestbetics of the Infinite* (W. W. Norton, New York, 1959) 一书。她在这本书里阐述了 18 世纪天文学的重大发现对哲学家和自然主义作家的影响,特别他们对山的理解的影响。——原注

化为无尽的远行。

——汤姆逊（James Thomson）

当然,对于银河系的思考可以追溯到古代。正如我们所知道的,德谟克利特早在公元前3世纪就已对银河系的真实性质进行了预测——它是一个由看起来隐约不清的、遥远的恒星组成的巨大的集合体。但对多数人来说,肉眼所能看到的银河只是一条漫延的光带,一条牛奶河或火河。(实际上,犹太教的《塔德木》中所提到的"Nahr-di-Nur"意为火河,现代英语的"galaxy"一词来自拉丁语 Via Lactea,意为"牛奶路"。)正如我们所知道的那样,伽利略首次用望远镜辨析出银河是由无数颗单个的恒星组成的,由此证明了银河不是由连续不断的物质组成的。但是,关于这一结构的第一个详细理论,是到了1750年才由达勒姆的赖特(Thomas Wright)(英国仪器制造商和天文爱好者)提出。在他的著作《宇宙的新理论或新假说》(*An Original Theory or New Hypothesis of the Universe*)中,他提出恒星位于两个无穷大的平面之间,它们形成一个厚度有限的巨大平板,像一块很大的磨石一样在慢慢地绕着自己的中心旋转(见图26.1)。如果我们从内部观察这一"平板",那么当我们沿着中心平面观察时,很自然要比从其他任何方向观察时能看到更多的恒星,因此产生了一条连续不断的微弱光带环绕天空的错觉。实际上,赖特已非常接近对银河系真实结构的理解,当然我们现在知道不仅它的厚度是有限的,而且它的直径也是有限的,况且宇宙中还有无数其他银河。

不过,此时仍然有一个问题一直困扰着所有想寻求答案的人:恒星之间的距离到底有多远? 一旦水晶天球的概念被抛弃,有一点就变得十分明显:恒星离我们一定很远,但是这些距离仍然是以太阳系的大小为尺度所做的估计,而且所有这些也只是粗略的猜想罢了。德国天文学家贝塞耳(Friedrich Wilhelm Bessel)是第一个对这个急迫问题给出明确答案的人。1838年,他成功地测量了天鹅座暗星61由于地球的旋转而引起的视差(见图26.2)。当时人们已经知道这颗恒星的自行速度很快,说明它离我们很近。(**自行**是一个天体相对于遥远太空的实际运行;与之相反,**视运动**仅仅是由于观测者自身的运动而引起的。)尽管贝塞耳测出的视差极

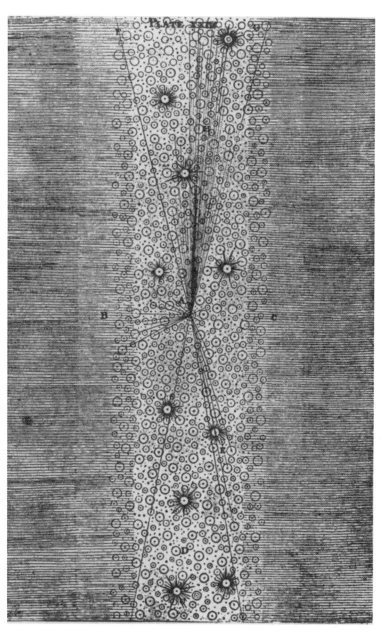

图 26.1　赖特《宇宙的新理论或新假说》一书中关于银河的图片。

图 26.2　视差现象:地球 E 围绕着太阳 S 的运行,在恒星 P 处产生了一个视角偏移,视差角为 α。

小——大约为 1 弧秒(月球的视直径为 1 弧度,或者 1800 弧秒)——这使他能够运用简单的三角学方法算出恒星的距离。他的结果令人非常吃惊:11 光年,或者 10^{14} 千米。贝塞耳不久又发现了我们最近的邻居——半人马座 α 星,它距我们 4.3 光年,是人类已知的离太阳系最近的恒星①。这可以说是人类第一次知道太阳系以外宇宙的大小。

在贝塞耳确定天鹅座 61 的视差的 12 年前,科学文献中的一篇文章提出了这样一个非同寻常的问题:为什么晚上天空是黑的? 但这篇文章未受到普遍关注。文章的作者奥尔勃斯(Heinrich Olbers)的名字并不在伟大的天文学家之列,但是他的贡献却是巨大的,他的发现包括两颗新的小行星:智神星和灶神星,以及一颗以他的名字命名的彗星。他还在谷神星"失踪"了几年之后又重新发现它。但是今天人们知道奥尔勃斯的名字,主要是因为他在 1826 年发表了题为《论太空的透明》(On the Transparency of Space)的论文。他在文章中提出了他的著名悖论:如果像当时所普遍认为的那样,宇宙是无限的,而且如果我们假设恒星总的来说均匀地分布在太空之中(即如牛顿曾猜想的那样,宇宙是同质的和各向同性的),那么,从地球上任何

---

① 实际上,半人马座 α 星是一个三星系统,其中最暗的一颗比邻星(1915 年被发现)目前距我们只有 4.2 光年远。——原注

方向的视线最终都会到达某颗恒星。而我们得到的来自任何地方的光的强度都遵循"平方反比律"——光强度随光源和观测者之间距离平方的增大而减弱①。另一方面,刚才提到的假设意味着我们可以认为宇宙是由以观测者为中心的无穷多个厚度相等、直径不断增加的天球壳层组成。(当然,这些壳层与希腊人的水晶天球无关,它们只是为了简化对这一问题的数学分析而使用的一个概念上的方法,这与将一个固体分解成小"薄片",然后根据小薄片计算固体的体积的方法相似。)根据初等几何原理,每一个壳层的体积(由此可推断这个壳层包含的恒星的数量)随着这个壳层半径平方的增加而**增加**。因此奥尔勃斯认为,离我们更远的地方比离我们更近的地方有更多的恒星这一事实,正好抵消了我们接收到的每一颗恒星的光强度的下降。因此,我们从每个壳层接收到的光的总体应该是一个常数,即与壳层的半径无关。我们得到的来自**所有**壳层的光加在一起,结果将是无限的。也就是说,夜晚的天空远非是黑暗的。有了宇宙中所有恒星发出的光,夜晚的天空应该闪耀着光芒!

　　　　在这些之外,还有其他的太阳,它们都赋予那些太阳系以光明和生命。宇宙中并不是只有一千颗或两千颗恒星,而是有无数颗恒星,它们都分布在我们周围,各自相距很远。这些恒星所带的行星有一百万颗之多,而且它们都处在不断运行之中,它们宁静、规则、和谐——太空看来是被照亮的,每一个亮点都是一个世界……然而,这些太阳和世界的巨大的集合体与人类视线最远边界之外的所在的比例,大概不会超过一滴水与海洋的比例。

　　　　——摘自 19 世纪天文学教科书(Elijah H. Burrit 的 *The Geopraphy of the Heavens*,1845 年版)

为了解释这一悖论,奥尔勃斯给出了一个可信的解释,他提出恒星之间的太空充满了由宇宙尘埃组成的黑云,这些星际尘埃部分地吸收了来自遥远恒星的光。后来证明这一假设是正确的。但是我们今天还知道,星际尘埃的

---

① 我们想起了牛顿的万有引力定律,它也是一个平方反比律。尽管两者有相似之处,但两个定理并不相关:光强度定律是基于简单的几何思考得出的(也就是面积随着线性尺度平方的增大而增大),而万有引力定律是纯物理学定律,它的推理要复杂得多。——原注

总量并不足以将来自遥远恒星的光减少到这一假设所需要的程度。当时的人们无法预料到有关奥尔勃斯悖论的正确解释,因为这涉及作为这个悖论基础的同种假设的正确性:一个无限的、同质的和各向同性的宇宙(奥尔勃斯在这个假设上又加上了另一个不言而喻的假设——宇宙的年龄无限老,而且从有时间开始到现在它并没有发生多少变化,即这个宇宙是静态的)。现在我们知道宇宙是有限的,而且在不断膨胀;正是这种膨胀通过我们将在下一章要讨论的"红移"现象,减少了我们从遥远的恒星(实际上是星系)所得到的光的总量。

当时人们对奥尔勃斯文章的反应是沉默,因为天文学家正忙于消化新的观测发现带来的大量收获,无暇注意在当时看来至多不过是一种思想练习的理论问题。奥尔勃斯的悖论很快就被人们所遗忘。只是在我们这个世纪,当它的真正意义被认识到之后,它才被人们重新发现①。与此同时,各种各样的发现仍然有增无减。1814 年,德国的光学仪器制造技师夫朗和费(Joseph Fraunhofer)发现当阳光穿过一条狭缝然后又穿过棱镜时,所产生的光谱被数百条细小的暗线横穿,每一条线都形成狭缝图像。这标志着光谱学的诞生,它后来成为我们探索恒星物理结构——天体物理学的精髓——的主要工具②。1846 年又有一颗行星被发现,这次不是出于偶然,而是一次数学创

① 奥尔勃斯并不是第一个发现这个悖论的人,哈雷先于他一个世纪(参见本章开始时哈雷的语录),而牛顿在探讨宇宙的无限性、同质性和各向同性时,已经意识到光学悖论的引力类推。有关悖论的详细历史,请参阅 Stanley L. Jaki 的 *The Paradox of Olbers' Paradox*(Herder,NewYork,1969)一书。还可参阅 Edward R. Harrison 发表在 1974 年 2 月 *Physics Today* 杂志第 30–36 页的 *Why the Sky is Dark at Night* 一文。——原注

② 在夫朗和费之前就有人发现了光谱线,但他发现了 500 多条,其中既有太阳光谱线,也有其他恒星的光谱线。然而,这还有待基尔霍夫(Gustav Robert Kirchhoff)对夫氏光谱线的重要性进行正确解释。当一种化学元素加热到足够高的温度时,它就开始发出具有各种波长的明亮射线的特定色容光(谱)。每种元素都有其独特的发射谱线,而且,即使这种元素与其他元素一起存在于一种化合物中,它的发射谱线也不会发生改变。因此,通过分析发光物体(例如恒星)的光谱,就可推断出该发光物体的化学成分。基尔霍夫发现横穿太阳光谱的暗线正好与其他元素发出的明亮谱线的波长相同。因此他得出这样一个正确结论:这些暗线是由太阳大气层中存在的较冷的气体吸收相应的波长形成的,这曾经是而且仍然是我们关于天体物理结构的一个基本的信息来源。——原注

造性的胜利①。天文学家有这么多的发现需要思考，因此，他们忽视了奥尔勃斯的悖论也就不足为奇。夜空的黑暗还将在另一个世纪里继续保持着，直到有谁再次为它感到困惑。

---

① 我们已经知道天王星的计算轨道和我们观察到的实际轨道是有差异的。当协调这两个轨道的所有尝试都失败之后，人们认识到似乎某个未知的、天王星之外的行星扰乱了它的"正确"轨道。英国的亚当斯(John Couch Adams)和法国的勒维耶(Urbain Jean Joseph Leverrier)各自独立开始了计算这个未知行星位置的工作。后来，德国人加勒(Johann Gottfried Galle)取得了最后的成功——他于 1846 年 9 月 23 日发现了那颗行星，并且几乎就处在人们预测的位置上。搜寻这颗行星的故事具备戏剧的所有因素，它的主要演员是亚当斯和勒威耶，他们没有陷入谁对这一发现具有优先权的激烈争论中(像牛顿和莱布尼茨关于谁是微积分学的发现者的争论那样)，而是互相承认对方的贡献，并且最后成了好朋友。撇开人类这边不说，海王星的发现再次证明数学不仅具有解释已知现象的能力，而且还具有预测未知现象的能力，Morton Grosser 的 *The Discovery of Neptune*(Dover Publications, New York,1979)一书中可以找到有关这一事件的精彩描述。——原注

第 27 章　不断膨胀的宇宙

> 我们的空间尽管没有边界,但它却是有限的,这一点相当肯定。无限空间只不过是人类思想的一个无端猜测。
>
> ——巴恩斯(Bishop Barnes)

如果你在一个晴朗无月的秋夜走到户外,仰望仙女座,那么你一眼会看到一个昏暗模糊的光点。从外表上看,它无法与天空中的一些更壮丽的景观相媲美,例如月球的表面或者土星的环,而且即使是望远镜也不能发现更多的细节:你会发现带有一个中心凝聚核的椭圆结构轮廓,而这就是你能够知道的一切。然而,在你以为这个物体不重要而不再考虑它之前,停下来想一想:你看到的正是仙女座的大星云,它是我们这个银河系的姊妹星系,距我们 2 000 000 光年,它是人的肉眼能够看到的最远的物体。事实上你在仰望无穷远①。

在 1924 年,仙女座的大星云被确认是一个"宇宙岛",一个独立的银河。美国天文学家哈勃在那一年使用加利福尼亚帕萨迪纳威尔逊山天文台强大的 100 英寸(当时世界最大)望远镜,辨别出了那个星云臂上的单

---

① 如果不使用摄影技术,即使是最大的望远镜也不能揭示出关于河外天体的更多细节,图 27.1 给出的仙女星系奇观是长时间曝光的结果。——原注

图 27.1　仙女座的大星系。我们银河系的姊妹星系,它是肉眼所能看到的最远天体。它距我们约 200 万光年。帕洛马山天文台拍摄。

个恒星。这样一来,在整个 19 世纪一直困惑天文学家的谜团终于被解开了。

　　自从 19 世纪早些年赫歇耳观测天空以来,星云(那些好像杂乱无章点缀在天空的、由漫射光组成的模糊斑点)一直是令天文学家摸不着头脑的东西。有些星云(例如猎户座的星云)很显然是巨大的气体云,它们被附近的一些明亮的恒星照亮。其他的则是一些由恒星组成的星团,通常具有球状结构,包含多达几千颗恒星。(壮观的武仙座 M13 球状星团是其中最著名的一个。)曾经有一段时间,这些星云对天文学家来说是个麻烦,因为其模糊的外表很容易被误认为是彗星。(在当时,寻找新的太阳系成员仍然被认为是天文学的主要任务。)实际上,为了避免这种混淆,法国天文学家梅西耶(Charles Messier)在 1781 至 1784 年间编制了一个由 103 个星云天体组成的表,每个星云天体都有其确切位置及其在望远镜中的外表描述。梅西耶的表至今还在使用(例如,仙女座星云被列为 M31)——尽管在那以后已知星云的数目已大大增加:至 1900 年已知的星云数约有 15 000 个。

梅西耶表中的天体,约有三分之一在从望远镜观察时展示出一个清晰的椭圆形状,因而使它们明显地区别于模糊的、无定形的气体星云。有一些甚至呈现一些从其椭圆内核伸出来的暗淡旋臂,像是一个旋转的洒水器留下的痕迹。然而,甚至是 19 世纪最大倍数的望远镜也不能分辨出椭圆星云中的单个恒星——这个事实引发了现代天文学的一场最激烈的争论。绝大多数天文学家相信这些星云是我们银河系的一部分,可能位于银河系的最外层边缘。然而,有些人推测它们可能是独立的银河系,与我们的银河系相似且距我们非常遥远。哲学家康德(Immanuel Kant)是这种观点的著名支持者,他在 1755 年,赖特发表其银河系理论 5 年后,便提出了一个大胆的设想:整个宇宙包括很多个“宇宙岛”或者星系(这是后来的称谓)①。这当然使人们想起布鲁诺的无限宇宙观点——这些宇宙中充满了无限多个像我们的太阳一样的恒星,只是康德的想象规模更宏大。与布鲁诺一样,康德没有借助严格的观察证据支持他的观点,但是历史将证明他是正确的。

在更强大的望远镜能够揭示椭圆星云的特性之前,我们无法解开椭

---

① 词组“宇宙岛”(island universe)是德国博物学家洪堡(Baron Alexander von Humboldt)杜撰的。——原注

图 27.2　武仙座的星系团。除了清晰划定的图像(代表我们自己银河系的恒星)以外,该照片中的每个天体都是一个星系。所有的团状星系都由引力约束在一起。这个星团(不要与也位于武仙座的球状星团 M13 混淆起来)距我们约七亿光年。帕洛马山天文台照片。

圆星云的奥秘。只有等到 20 世纪,哈勃于 1924 年在仙女星系臂上发现了单个恒星的存在,才使局面变得明显倾向于康德的理论。但同年,他在星云中发现了一种特殊类型的恒星,由此可以推断出它的距离,这才无可辩驳地证明了椭圆星云是河外天体,这是一种称为**造父变星**的恒星,其名称来自仙王座,因为在仙王座上发现了第一颗这类恒星。正像它们的名字寓示的那样,变星是一种亮度随着时间推移而变化的恒星。有些变星以一种不规则的、不可预测的方式改变其亮度;而另外一些是周期性变星,其光曲线像一座可靠的钟一样有规则地重复。这种规则性的原因可能仅仅是因为一颗较暗的恒星周期性地从它较亮的同伴前面经过,部分地把较亮的恒星从我们的视线中遮蔽起来。然而,更常见的情况是这种变化来自该恒星本身内部发生的某种物理过程,例如该恒星直径的脉动,好像它在呼吸一样。造父变星属于后一种类型。然而,它们之所以奇特,是因为其周期直接与其亮度有关:具有相同周期的所有造父变星都有大致相同的绝对亮度。所以,我们通过观察某颗造父变星的周期便可推导出其绝对亮度——它的实际光输出(还称为光度)。然后,通过绝对亮度与视亮度(即我们实际观察到的亮度)的比较,便可以运用平方反比律推导出这颗恒星的距离。这样一来,造父变星就成为一种宇宙尺度,天文学家借助它便能确定众多天体的距离。当哈勃 1924 年在仙女座星云臂上发现几颗造父变星时,他立刻就确定了其距离——大约一百万光年,从而把它放在了我们的银河之外①。后来,这个估计值经过了修改而且被扩大一倍,但是,正是哈勃最初的发现牢固地确立了宇宙中河外天体的存在。

哈勃对仙女座星云距离的测定是一个重大突破,可与一个世纪之前贝塞耳对天鹅座 61 距离的视差测定相媲美②。然而,此后不久又有了一个发现使这个成就也相形见绌,而这个发现还是哈勃的。当他在 1929 年研究几个河外星云(从现在起我们简单地称为星系)的光谱时,他发现它们的光谱线全都偏离了它们在光谱中的正常位置。而且,对于大多数的星系来说,这种偏离趋向**更长的波段**——也就是说向光谱的红端偏移。哈勃马上弄清了这种发现的意义:这些星系正在离我们远去。

为了弄清造成这一结果的原因,我们必须暂时离开主题回到 1842 年,当时奥地利物理学家多普勒(Christian Doopler)发现了以他的名字命名的著名效应:当波的传播源向观察者靠近或离观察者远去时,观察者接

---

① 直到几年前,沙普利(Harlow Shapley)才确定了我们这个星系的结构——一个由约 1000 亿颗恒星组成的盘状聚集物,它横跨 100 000 光年。而且有一个中央凸起部分(表明是星系的核心),我们的太阳位于该星系的一个臂上,距其中心约 30 000 光年——与赫歇尔以为它距星系中心更近的信念恰恰相反。——原注

② 在如此大的距离上,视差方法变得完全无效——实际上,它只能在 100 光年内以任何确信度被使用。一般说来,星体距离推算极易产生很大的误差,在推算中不可靠性占 50% 或更多的情况也并非罕见。——原注

收到的波会相应地变短或变长。拉着警笛驶向我们然后从我们身边经过的救护车,是多普勒效应的一个常见实例:我们听到由于声波波长的增加而产生的音调的突然降低。多普勒原来的发现仅仅针对声波(事实上,他借助一个坐在移动的有轨电车上的管弦乐队,进行了他的测试),但是他很快意识到一种类似的效应也应适用于任何波现象,包括电磁波(即光波)①。哈金斯爵士(William Huggins)在1868年发现,几颗恒星的谱线偏离太阳光谱的正常位置,从而证明了这一发现的正确性。他正确地把这种现象解释为由恒星移向或者离开地球而引起的多普勒偏移。由于有一个简单的公式把波长变化与波源速度联系起来,因而可以非常精确地确定星体的视向速度(沿视线的速度)。事实上,多普勒效应从此被用来确定从高速公路交通到沿轨道运行的航天飞机等任何物体的速度。

---

① 尽管定性地看声学和光学多普勒效应很相似,但它们在定量方面不相同,这是因为二者赖以发生的环境不同:声波在物质媒介(空气)中传播,而电磁波则由电磁场本身传播,两种效应的公式是:

$$f=\frac{f'}{1+v/c}\quad(声学多普勒效应)$$

$$f=\frac{f'(1-v/c)}{\sqrt{1-(v/c)^2}}\quad(光学多普勒效应)$$

这里给出的是求频率而不是求波长的公式。在两个公式中,f是一个静止的观测者接收到的波的频率,f'是由移动波源传播的波的频率,v是波源相对于观测者的速度(如果波源远离观测者而去,v为正;如果它接近观测者,v为负),c是波的速度。通过利用一个从观测者身边退行的速度为波速一半的波源($v/c=1/2$),可以看出两种效应之间的差别(只是对与波速相似的高速度来说才变得明显);对声效应来说$f=(2/3)f'=0.67f'$,对光效应来说,$f=(\sqrt{3}/3)f'=0.58f'$。对于一个以同样速度($v/c=-1/2$)趋近观测者的波源来说我们分别得到$f=2f'$和$f=1.73f'$。下表是对这些情况和其他情况的总结,它给出了对于不同的v/c值而得出的f/f'之比:

v/c	声	光
1/2	0.67	0.58
1	0.5	0
−1/2	2	1.73
−1	∞	∞

——原注

在 1929 年的历史性发现中,哈勃不仅发现了星系远离我们而去,而且其退行速度与其到我们的距离大致成正比:一个星系距我们越远,其退行速度越快①。这个著名的结论就是哈勃定律,而且此后已证实数千个星系都有这种情况(尽管哈勃只研究了很少的星系——那些他可以以任意可靠程度确定其距离的天体)。在其基础之上,我们可能会问:是什么使我们(即银河系)那么特别,以至于那些星系会从我们身边跑开?我们向宇宙的其余部分施加了某种排斥力了吗?英国著名天文学家爱丁顿(Auther Eddington)说:"我们很想知道它们为什么躲避我们,好像我们的体系是宇宙中的一个鼠疫斑一样。"②

自从哥白尼将地球从人们设想的宇宙中心移开之后,宇宙中**任何**位置可能有特权地位的观点都被无条件地排斥。③ 对特权地位的否定是相对论的基石之一,它宣称物理学的基本定律在任何参照系中都是一样的,与观测者选择把自己放在什么位置无关。尤其是在宇宙学方面,这个原理发挥着重要作用。作为宇宙学原理,它指出:在大尺度上,相对于地球上的观测者和遥远星系中相应的观测者而言,宇宙看起来应该是一样的;换句话说,宇宙是均匀的和各向同性的。当然,这个原理无法被证明(正像任何物理定律都无法从数学意义上被证明一样)。然而,天空中的星系总体分布足以使人们想到这一点。而且,其他假设情况在哲学基础上也是不能被接受的,尽管哲学论证本身不应是科学推理的唯一或主要的方式,但它们作为我们科学观建立的总体框架起着重要作用。宇宙学原理

---

① 相对较近的星系可能会背离这个定律,因为它们自己的运动是在我们所属的星系家族(本地集团)中进行的。这样一来,仙女座星云实际上在以 200km/sec 的速度走近我们。所以说,哈勃定律只适用于大尺度宇宙,而不适用于由于邻近星系的引力相互作用而产生的局部运动。——原注

② 正是通过爱丁顿的努力,爱因斯坦的相对论才开始引起公众的注意。他由于组织了 1919 年那次著名的日全食观测队而产生很大影响,因为那次观测证明爱因斯坦关于光线在诸如太阳之类的大型天体附近弯曲的预测是正确的。——原注

③ 在望远镜能达到的地方,我们发现了无限的空间,它没有边界并且布满了无数这样的宇宙。摘自莫尔的《天空与望远镜》(*Sky and Telescope*)。——原注

因为这些原因而成为现代宇宙学的基本工作基础①。

作为宇宙学原理的逻辑推论,**我们**不仅看到星系以与我们的距离成正比的速度远离我们而去,而且**任何**星系中的观测者也会看到其他星系根据同样的规律远离他而去②。换句话说,**任何**星系都可以把自己看成宇宙的中心,并且会发现哈勃在 1929 年发现的结果。但这只能意味着一件事:**宇宙作为一个整体在膨胀**。这种情况通常被比喻成表面上点缀着均匀分布的小点的气球,当给这个气球充气时,每个小点都以一个与小点相互间隔成正比的速度远离其他所有的点。所以,每个点都有相等的权利宣布**它**是宇宙("宇宙"在此是指气球的表面)的中心,而且其他的所有点都根据哈勃定律远离它而去,这一点完全符合宇宙学原理。

哈勃定律可以用数学公式表示为 $v=Hd$,其中的 v 是任何星系远离任何其他星系的退行速度,d 是它们之间的距离(以光年计算)。比例因子 H 被称为哈勃常数(根据宇宙学原理,对任何特定时间的所有星系来说,H 是一样的);目前它的值被估计为每一百万光年 50 千米/秒。这就是说,距离我们一百万光年远的星系从我们这里退行的速度为 50 千米/秒,两倍远的星系的退行速度也是两倍,以此类推。但是,我们必须记住:宇宙学参数的值由于其自身特点,其可靠性存在很宽的误差范围,哈勃常数也不例外。事实上,它的值在过去的几十年中已修改过几次,而且直到今天,我们还能发现上述数值的一半到两倍不等的估计值。

在哈勃发现星系的退行现象前不久,在一个更理论化的层次上,出现了另一方面进展。自从消除了希腊人的水晶天球的概念以来,物质宇宙

---

① 然而,宇宙学原理中包括的修饰词组"在大尺度上"很重要,当你在百货店买一袋糖时,你希望它或多或少具有均匀平滑的结构,但这并不排除在某个地方有些糖会聚结成团的可能性的存在,严格的均匀(像应用于物理世界的大多数数学概念那样)只是一种理想化。我们发现,星系也像糖粒一样有可能聚结成小群或团块,即通过和把太阳系约束在一起同样的引力,把它们联结在一起(见图 27.2)。——原注

② 哈勃:我们发现它们数量不断增加,变得越来越小,越来越模糊,而且我们知道我们正进入越来越远的太空,直到借助我们的望远镜能够探测到的最模糊的星云,我们才能到达已知宇宙的前沿。——原注

是无限的、空间自身在所有方向上是均匀延伸的（即欧几里得式的）等观点，已普遍为人们所接受。这种假设已经得到哲学和物理学上很有说服力的论证支持。事实上，早在公元前 1 世纪，罗马哲学家卢克莱修（Lucretius）就提出：如果某人投出一支越过宇宙边缘的标枪，很难想象有什么东西可以使标枪的运动停下来；所以宇宙没有边界，而且它一定是无限的。（显然，卢克莱修没有区分"无限性"与"无边界性"的差别，这种区别将在以后的非欧几何学的发展中起到关键性作用。）牛顿在后来也得出了相同的结论——尽管他的论证是纯物理学的（我们不久将回到这个话题）。但是在 1917 年，也就是在爱因斯坦完成了他的广义相对论之后仅一年，他发现他的场方程允许一个意味着宇宙有限但却无边界的解存在！

正如我们在第 16 章看到的那样，爱因斯坦使用非欧几何描述引力场中空间的特性。广义相对论认为引力是一种场特性，而不像牛顿理解的那样是一个在一段距离上起作用的力①。空间自身，或者更确切地说其几何特性（它所谓的"度规"），依赖于每一个点上的引力场的强度，而这个强度反过来又是那个点上物质密度的函数。具体说来，空间在一个像恒星或星系之类的巨大物体附近变成了"弯曲"的——即具有非欧几里得特性。当爱因斯坦把这个原理应用于整个宇宙时，它发现其平均密度足以反过来使空间自身弯曲，这便产生了一个有限宇宙。然而，这个宇宙是没有边界的，某个人可以沿着任何方向无限地走下去，而且永远也到不了一个边界。这使我们马上想起了我们的球形气球的表面，但是必须牢记"真实"空间（物理事件赖以发生的媒介）是四维的，由三个空间尺度（长、宽、高）和时间组成。事实上，相对论认为空间和时间是一个不可分割的整体（**时空连续统**），其中的每一个点代表一个"事件"。我们必须在这种情况下认识爱因斯坦的宇宙。

在发展他的宇宙模型的过程中，爱因斯坦碰到了一个严肃的问题。根据牛顿的引力理论，只有无限的、均匀的、各向同性的宇宙，才能保持自

---

① 与广为流传的观念相反，爱因斯坦的引力理论与牛顿的并不抵触，只是改进了牛顿的引力理论。实际上，对于低速度和小质量来说，这两种理论完全一致。——原注

己的引力平衡，防止它被拉向其中心。事实上，这是牛顿用以支持他的宇宙无限信仰的主要论据。但是，爱因斯坦的宇宙是**有限的**。为了保持其平衡，他被迫违背自己更好的判断，为自己的方程加入附加项，也就是所谓的"宇宙学项"。与牛顿的引力（即一种吸引力）不同的是，这个宇宙学项代表了一种**排斥力**，其效应只有在大尺度上才能感觉到。当时没有任何种类的观测证据能够支持这种力的存在，爱因斯坦加入它是极不情愿的。此外，这个附加项损坏了他原来方程的美学简单性，而对简单性的考虑在他的世界图景中占有很高的地位。后来，当哈勃发现星系的退行时，已没有必要再使用宇宙学项了，而且爱因斯坦很高兴地放弃了它，称原来的结论是他曾经做过的"最大的错事"。

爱因斯坦"在无限远处的困难"（摘自爱丁顿爵士的评语）出现的原因，在于他的宇宙模型是静态的，他没有考虑宇宙在时间上的任何大尺度演化。当然，这与 1917 年的观测结果相一致，比哈勃的发现早了 12 年。但是，在爱因斯坦发表了他的结果之后不久，又有人提出了另外两个基于广义相对论的模型：一个是荷兰天文学家德·西特尔（Willem de Sitter）提出的，另一个是俄国物理学家弗里德曼（Alexander Friedmann）提出的。两个模型都显示了宇宙在膨胀的可能性，而且当这一点被哈勃证实之后，他们便立刻获得了声誉。如果爱因斯坦的宇宙对应于一个静态的气球，德·西特尔和弗里德曼的宇宙则表现为一个连续膨胀的气球。①

如果宇宙在膨胀，那么一定曾有一个时刻它比现在要小得多——在那个时刻，星系彼此很近。如果在时间上往回推断，应该有可能估计出星系彼此很近以至于它们形成一个连续体的时间，也就是宇宙从中诞生的萌芽时期。这种原始体包括宇宙中的所有物质和辐射，而且被浓缩成一

① 爱丁顿爵士：只有一个地方（爱因斯坦的）理论好像不能适当地起作用，那便是无穷远，我想爱因斯坦以一种简单而强有力的方式显示了他的伟大，他通过这种方式解决了无穷远处的难题。他取消了无穷远，他对自己的方程进行了轻微的改动，以便使大尺度的空间弯曲，直至它封闭起来。所以，如果你在爱因斯坦的空间中沿一个方向不停地走下去，你到不了无穷远；你发现自己又回到了起点。因为不再有无穷远，所以不会有无穷远方面的难题，证毕。——原注

个极小的体积(无限密度的"奇点")。后来发生了一次巨大的爆炸,使宇宙处于它当前的膨胀过程之中,这个事件就是大爆炸,它是任何东西——我们今天已知的物质(即稳定的元素)、能量、空间和时间——的开端。根据目前为人们接受的哈勃常数,现在人们相信这个事件发生在一百二十亿至一百八十亿年前的某个时间。

近年来,人们多次对这一景观的细节进行了描述(既出现在科技文献中,也出现在通俗作品中),在此我们可以把这些细节放在一边。然而,我们必须简要地谈一谈在 20 世纪 40 年代曾经获得主导地位的一个相反的理论。这就是稳恒态宇宙说,它宣称宇宙的存在形式从本质上讲总是与今天我们知道的存在形式一样。为了说明星系的退行现象,稳恒态宇宙说假定物质被连续地创造出来——不是来自其他物质或者甚至来自能量(根据相对论,物质和能量是等价的)——而是来自**虚空**。且不说保持当前水平的宇宙平均密度所需的创造物质的速度是如此之慢,以至于实际上可以排除探测到它的任何可能性(每十亿年一立方厘米体积内约一个氢原子)这一事实,从虚空创造出物质这一观念本身就与倍受珍爱的物理学原理之一(物质和能量守恒)相矛盾。尽管有这么多的明显不足,稳恒态宇宙说最初还是赢得了相当大的支持,这主要是因为它回避了有一段时间困扰大爆炸理论的一个问题。哈勃常数原来的估计值比现在被人们接受的那个值要大得多,而且这使得对宇宙年龄的最初估计值仅为二十亿年。但是,岩石的放射性年代测定已经证明,我们地球的年龄至少有36 亿年。(目前所接受的年龄是 45 亿年。)天文学家德·沃库勒(Gerard de Vaccouleurs)在 1981 年写道:"发现地球的年龄是宇宙年龄的两倍,是一件令人难堪的事。"稳态宇宙说由于假设宇宙的年龄无限大而回避了这种难堪。

然而,从那时起,哈勃常数的值经历了几次大的修改,而且目前为人们所接受的值清楚地表明,宇宙要比地球老得多,从而使大爆炸理论重新获得了可靠性。不过,支持它的最具说服力的证据出现在 1965 年,当时彭齐亚斯(Arno A. Penzias)和威尔逊(Robert W. Wilson)发现存在一种在宇宙每个方向蔓延的模糊的背景辐射。这就是人们所熟知的三度宇宙微波辐射①。它被认为是创造宇宙的巨大火球(大爆炸)的残余。几种理论研究都已经预测到这种辐射的确切存在,而且它的最终发现(是偶然发现的)被认为是支持大爆炸理论的最有力的证据。

于是,这就是我们目前的宇宙图景:一个有限而无边界的世界,来自一百二十亿至一百八十亿年前的一次大爆炸,那次爆炸把世界送上了它现在的膨胀历程。它将永远继续膨胀吗?这要看它包含多少物质。如果宇宙中物质的总量大于某个临界值,这诸多的物质将对自身产生足够大的引力,从而减慢其膨胀速度并且最终使膨胀停止,随后便是收缩至原来的奇点。然后另一个大爆炸将产生一个新宇宙,如此下去直至永远——这是印度人信仰灵魂轮回的一种宇宙体现。从另一方面讲,如果物质的总量小于一个临界值,那么宇宙将永远地膨胀下去——尽管其速度不断减慢②。宇宙学目前的主要任务之一就是确定宇宙中的物质总量,可能还需要一段时间得到确定的答案。在那时来到之前,宇宙的未来这一问题仍然是悬而未决的。

> 我将给你一个"天体乘法表",我们从我们最熟悉的单位——与太阳相当的星球开始,那么一千亿颗恒星组成一个星系;一千亿个星系组成一个宇宙。
>
> ——爱丁顿爵士③

---

① 其名字来源于如下事实:这种辐射相当于绝对零度之上的三度开氏黑体温度。(黑体是一个只吸收而不反射施加于其上的辐射能的理想化物体,这种能量然后转化成体内的热量。在我们的这个例子中,宇宙自身是一个黑体,从这个意义上讲,我们可以说宇宙的温度是开氏三度。)——原注

② 这种情况类似于以一个初始速度向上扔一块石头。如果速度很低,石头将到达一个最大高度然后落回始点。然而,超过某种临界速度(约11千米/秒)以后,这块石头将获得克服地球引力所需的足够的动能,并且逃逸至无限远。(若不改变石头的速度,我们可以设想改变地球的质量;质量越大,逃逸速度越大。)就宇宙而言,其初始速度是由大爆炸施加的。——原注

③ 经允许摘自 Arthur Eddington 的 *The Expanding Universe* 一书,Cambridge University Press,New York,1933。——原注

第 28 章　现代原子论者

> 望远镜从哪里终结,显微镜就从哪里开始,
>
> 谁能说出二者的视野哪个更广阔?
>
> ——维克托·雨果(Victor Hugo),《悲惨世界》(Les Misérables)

　　在关于无穷的故事中,我们主要考察了无穷大。或许由于自 19 世纪康托尔的开拓性研究以来,它已经引起了人们如此多的关注,也可能由于无穷大有某种东西,能以无穷小无法做到的方式,引起人们的想象力。然而,这种倾向很难说是公正的。在数学史上,无穷小曾经起到至少与天平另一端的对应物一样重要的作用。且不说别的,我们只需注意到,它是连续性概念的根源①,而这个观念又可追溯到希腊人,他们的哲学家曾激烈争论过无限分割的可能性。后来,它被掩饰成无穷小量,并且成为微积分学得以发展的基石②。从纯粹数学的角度讲,"大"和"小"之间的区别实

---

① 连续是指那种能分解成不可分的事物的东西,而这种不可分的事物又是无限可分的。(亚里士多德,《物理学》)——原注

② 由无穷小(见第 2 章)引起的争论,只是在最近才借助一个被称为非标准分析的新数学分支的发展得以圆满解决。这个分支主要由鲁滨逊(Abraham Robinson)所创立,它完全根据实数系的特性,以一种严格的方法定义了无穷小。见 Martin Davis 和 Reuben Hersh 的 Nonstandard Analysis 一文(Scientific American,1972 年 6 月)。——原注

际上并不真的那么重要,因为我们总是能够使用函数 $y = 1/x$(或者其二维等价物反演的变换)把一种变换为另一种。

显然,当我们进入自然科学领域,就有了一个完全不同的故事。两种无穷之间的差别在这里成了微观世界与宏观世界、亚原子粒子与整个宇宙之间的差别。对组成物质的难以捉摸的最小粒子原子的探索再次把我们带回到希腊人那里。德谟克利特最早提出——尽管是从哲学角度——物质不是无限可分的①。他相信所有的物质都是由毁坏不了的小粒子——原子(来自希腊语 atomos = 不可分的)——组成的,这些原子的众多组合构成了我们周围的世界。他的观点蛰伏了两千多年,直到道尔顿(John Dalton)把它作为他的化学合成理论的基础时,它才得以复苏。

在我们这个世纪里,原子首先被核子所取代,后来为亚核粒子所代替。随着贝克勒尔(Henri Becquerel)对放射性的发现,在 1900 年前后首次出现了原子终究可被分割的迹象。接着是卢瑟福(Ernest Rutherford)在分裂原子方面的实验,后来是查德威克爵士(James Chadwick)于 1932 年发现了中子,从而证明不仅原子,而且原子核也有一个内部结构。

从此以后,对**所谓**基本粒子的搜寻,已成了由整个科学界参加的大型竞赛的一部分。每年都有大量新的"基本"粒子被发现,被大张旗鼓地公布,但是到后来都被证明可分解为更小的粒子。给出的这些粒子的名单与人们给这些新创造物起的名字一样使人眼花缭乱:重子、轻子、介子和夸克,这里只给出了其中的很少几个名字。然而,是不是真的存在最终的基本粒子,或者说我们是不是在白费力气搜寻一种理想化的概念(其存在不比数学上的一个点在更真实),这个问题还悬而未决。像小孩的玩具蛋一样,其内部还藏着一个较小的蛋,较小的蛋内部还有一个更小的,我们

———————————

① 人类的心智被很多难以解决的问题困扰着。空间是无限的吗?是什么意义上的无限?物质世界在范围上是无限的吗?而且,在这个范围内所有空间都同样充满物质吗?原子存在吗?或者说原子是无限可分的吗?[麦克斯韦(James Clerk Maxwell)]——原注

必须考虑物质永远也不会向我们展示其最深处的秘密的可能性①。

　　我们将不得不放弃德谟克利特的哲学以及基本粒子的概念，我们应该接受基本对称的概念。

　　　　　　　　　　　　——海森伯（Werner Heisenberg）

　　但是，至少在宏观世界中，这种两难困境饶过了我们。我们在天空中发现了一个很有顺序的物质体系，其中的小物体绕着更大的物体旋转：卫球绕着其母体行星作圆周运动，行星则绕恒星运转②，而恒星则绕着其星系的中心慢慢地运转。后来我们发现了绕着更大星系运行的星系，它们构成了本星系群或星系团，然后是超星系团，最后是整个宇宙。但是我们真的已经到达了事物的尽头了吗？当然，人们可以设想可能存在其他的宇宙，可能甚至是宇宙团，并且依此沿着这个阶梯往上爬，就像康托尔那无止境的无穷大③分层一样。然而，这些设想把我们带回到了形而上学的领域。在科学中，我们必须把我们局限在可观测到的世界中，而从这个意义上讲，我们必须把宇宙看成我们的阶梯的最后一级。

---

① 另一方面，自从普朗克（Max Planck）于 1900 年提出能量必须以某一基本量（量子）的整倍数存在之后，能量的"原子"的存在才得以牢固确立。量子后来被称为光子。它成了量子理论的基础。——原注

② 除太阳外，其他恒星周围存在行星的确凿证据，直到最近才开始出现。

③ 无穷大和不可分性超越了我们有限的理解能力，前者因为其太大，后者因为其太小，设想二者结合起来将是什么。（伽利略《关于两门新科学的对话》中萨维阿蒂的话（代表伽利略的观点）。——原注

第 29 章　从这里如何走

到无穷远去！

——NBC 晚间新闻，

1983 年 6 月 12 日

　　1972 年 3 月 3 日，"先驱者"10 号航天器从佛罗里达州卡纳维拉尔角的发射架上发射升空。这架航天器的飞行目标是木星和土星这两个大行星。它上面除了携带大量的科学仪器之外，还携带一块上面刻有奇特信息的很小的镀金金属标牌。这个标牌（图 29.1）上刻有一个男人和一个女人，他们的背后是"先驱者"号航天器的外形轮廓；下方的十个圆圈表示太阳系，其中包括说明航天器出发地的飞行轨迹草图；还有我们的星系中十四个脉冲星，从中可以确定我们太阳系的位置。它还给出了氢原子的草图，其辐射的频率和波长可以用作宇宙钟和度量标准。外星科学家通过对比这个波长以及女人图形旁边的二进制数码，便可推导发送这艘宇宙信使的人的大小。还可以使用类似方法比较观察到的每个脉冲星的频率和标牌上的数据，推算出航天器的发射时间（因为脉冲星的频率以一种已知的速度稳定地衰减）。人类以这种方式在宇宙海洋中发出了一种识别信息，向任何外星文明宣告我们在银河系中的存在。

　　在经过 12 年良好的飞行（在这期间它发回了关于木星的首批精细观

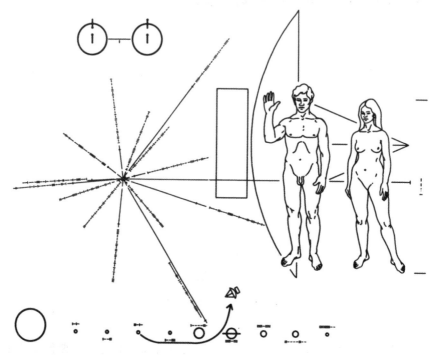

图 29.1　"先驱者"10 号探测器上携带的标牌。美国航空航天局提供照片。

察结果）之后，"先驱者"10 号于 1983 年 6 月 12 日飞过海王星的轨道，从而成为离开我们太阳系的第一个人造天体①。这架飞行器以每小时 30 000 多英里的惊人速度飞行，它那 8 瓦的小型发射器每走过 28 亿多英里，就向地球发回一些微弱的信号，这些信号（以光速）到达地球需要 4 小时 16 分钟的时间。"先驱者"10 号及其姊妹航天器"先驱者"11 号计划至少到 1994 年都会发回信号。届时它的钚发电机可能会能源耗尽。在那之后，这两架航天器将继续它们穿越星际空间的飞行，"先驱者"10 号将于公

---

① 一般说来，太阳的第九颗行星冥王星是太阳系的最外一颗行星。（译者：2006 年，国际天文联合会将冥王星排除出行星行列，降级为矮星。）然而，它的轨道是高度椭圆形的，所以在它绕太阳的周期为 248 年的每一圈公转中，冥王星的轨道只有很短的一段时间超越海王星轨道。这便是"先驱者"10 号飞行期间的情况。直到 2000 年，冥王星的轨道仍将处在海王星的轨道之内。——原注

元 30 620 年前后接近恒星罗斯 248。"先驱者"10 号和 11 号是人类有史以来最接近无穷远的一次①。预计这两架飞行器不仅在空间上飞向无穷远,在时间上也是无限的(永恒)方面,其生命都会远远地超过我们的星球。②当太阳在它的临终痛苦阶段发生膨胀并变成红巨星的时候,这个临终的太阳将焚化地球。在地球被焚化很久以后,这两架"先驱者"号将作为两个被抛弃的东西,无声无息地作为一个失落文明的未受损伤的信使孤独地飞行。

图 29.2　到无穷远去! 这幅新月形的地球和月球照片是航天器拍摄到的这类照片中的第一张。由"旅行者"Ⅰ号于 1977 年 9 月 18 日在其飞往外层太阳系途中拍摄。照片拍自距地球 700 万英里的地方。美国航空航天局提供照片。

　　自人类有历史记载以来,人类就很想知道自己在宇宙中是不是孤独

①　后两架航天器,"旅行者"Ⅰ号和Ⅱ号也飞离了太阳系。它们都携带了一张刻录了以数字形式编码的我们这颗行星的图片和声音的唱片。关于"旅行者"号的信息细节,请参见 Carl Sagan 的 *Murmurs of Earth: The Voyager Interstellar Record* (Random House, New York, 1978)。——原注

②　他们超越了上帝为他的地球生物规定的极限,把自己放到了人类的活动范围之外。[凡尔纳(Jules Verne)。《从地球到月球》(*From the Earth to the Moon*)]——原注

的。古人，还有后来的罗马天主教教会，都把地球放在了我们这个世界的中心位置（不仅在物质上而且在精神上）——是宇宙中智慧生命的家园。但是这种观点在文艺复兴期间开始发生变化，当时哥白尼动摇了地球高高在上的地位，并且用太阳取代了地球。新宇宙学深刻地改变了人类关于自己在宇宙中位置的观点，而布鲁诺对无限宇宙（其中有很多智慧生物在上面繁衍生息的行星）的设想，点燃了后人的想象力。在我们这个时代，对地球之外生命的探索，已经从异想天开的假想变成了有系统的搜寻。有大量的飞行器漫游于太阳系，并且访问了陌生的新世界；大型射电望远镜正在收听来自临近星系的可能的智能信息。

> 当我们把太阳和所有肉眼能看到的恒星，还有成千上万颗望远镜所及的恒星放在一起时，我们还没有到达事物的终极；我们只不过探索了一个岛屿——太空沙漠中的一片绿洲。其他岛屿都位于远处。
>
> ——爱丁顿爵士

迄今为止，这些尝试尚未得到结果。而且我们在宇宙中是不是孤独的这个问题，可能仍然是一个有待解开的最大秘密。但是，无论这个问题的答案是什么，这个伟大探索的最终目的是了解我们自己以及我们居住其上的这个小行星。经历了一个缓慢而痛苦的过程之后，我们开始认识到地球这颗行星只不过是浩瀚的荒凉空间中一个很小的居住岛屿，我们长期开采这个岛屿，认为它的资源理所当然地将维持到永远。我们长期污染其大气并且向其水中倾倒垃圾。太空时代最终使我们认识到，这种开采无法永远持续下去，人类与环境之间有一种微妙的平衡，打乱这种平衡将危及我们在这颗星球上的生存。就像"阿波罗"8号的三名宇航员成为绕月飞行的第一批人类时，克朗凯特（Walter Cronkite）意味深长地说的那样："我们在1968年登上了月球，发现了地球。"①

---

① ……我们对这个世界的美丽和伟大感到喜悦和惊愕，对于它，人们只能形成……一种模糊的观念，摘自爱因斯坦，位于华盛顿特区美国国家科学院的爱因斯坦塑像上的题词。——原注

后　记

　　我们能够经历的最美的事物就是神秘。它是所有真正艺术和科学的源泉。

——爱因斯坦

　　所有我们看到的或所有似乎存在的,只不过是梦中之梦。

——爱伦·坡(Edgar Allan Poe)

　　在天堂的无限大草地中,静静地开放着,一颗又一颗可爱的小星星,它们是天使的勿忘草。

——朗费罗(Henry Wadsworth Longfellow)

　　我们已经走完了我们的无穷之旅。它带领我们从希腊人"对无穷大的恐惧"出发,经过文艺复兴时期令人欢欣鼓舞的无限宇宙,最后到达了19世纪和20世纪初的数学突破,正是数学上的突破才最终揭开了无穷大的神秘面纱,并且把无穷大置于坚实的基础之上。我们还追踪了人类试图到达物质上的无穷大的历程——从巴别通天塔到"先驱者"10号,而且我们还看到艺术家和诗人是如何用自己的方式描绘无穷大。我相信,正是这种多样性,才使无穷大(或者对此事的任何智力上的大胆尝试)那么富有刺激性。我们每一个人都有权拥有我们自己的无穷大①。

总之，无穷大是一种幻觉，一种想象。下面是一个四年级学生对无穷大的想象：

> 无穷大是一个不可数的数，它像地球上或者整个太阳系中的原子那样多，无穷大与瓢泼大雨中的雨点一样多，像你在学校留的家庭作业那么多……它像到达圆周的尽头那么远。无穷大如同到达最远的恒星那么远。无穷大长久到所有的世界和宇宙中都充满寂静的那个时候②。

一天早上，当我站在圣路易斯那高大的城门拱顶上时，我对无穷大有了自己的看法。向远处望去，我能够看见大平原无边无际地延伸到地平线，壮美的平原连一个最小的山包也没有。我想到了成千上万的拓荒者，从这个地方穿过密西西比河，开始了他们的西征旅程；这段旅程的终点他们无法预测，仿佛奔向无穷远。1967 年，当我站在西奈半岛的最高峰凯瑟琳山之巅（海拔 8652 英尺）时，我对无穷大的又有了另一种新的看法。我们在午夜过后不久开始爬山，正好在日出之前到达山顶。当第一缕阳光照亮山下荒凉的景色时，我看到山的影子轻轻掠过西边的地平线，像是从无穷远的地方出现一样。多么壮观的景色啊！在日落时这种效果一定更加惊人，那时的山影以一种不断加快的速度变长，直到渐渐消逝到虚空之中③④。

是的，无穷大是一种想象。对一些人来说，它可能只是一片疾驰的白云，一个充满幻象的彩虹。但是，在有些人看来，同一个彩虹却是真实

---

① 根据我的理解，人类的不幸来自他的伟大，因为他的心中有一个无穷大。人类借助他所有的机巧，也无法把它埋藏在有限之中。卡莱尔（Thomas Carlyle）——原注

② 威斯康星州阿尔图纳的舒斯特（Glen Schuster）所述。——原注

③ 1975 年，两个在日落之前不久登上珠穆朗玛峰极顶的登山队员报告说，他们看到了山的影子延伸约 200 英里。在月球上这种现象的效果可能更壮观，因为那里没有大气层使视野变得模糊。当最后一缕阳光在月球地貌后面消失时，人们会看到最小的障碍物的影子真正地消失在无穷远处。——原注

④ 我们所有人都生活在同一片蓝天下，但是我们的地平线却不相同。阿登纳（Konrad Adenauer）——原注

的——像组成它的色彩一样真实。对数学家来说，无穷大是一种真实存在的东西。事实上，如果没有无穷大，数学就不可能存在，因为它是计数数所固有的，而计数数实际上是构成数学所有领域的基础。此外，其他人只是描绘无穷大，而数学家却将其付诸实用（例如地图的设计等）。可能对无穷大理解最深的人是康托尔，他认识到应该把无穷大看成某种完整的东西，应该把它看成一个整体。还有其他很多人经过长期的努力来理解无穷大。在这些人中，我们又想起了布鲁诺，他想象到一个无限宇宙，并且为此付出了生命；高斯动摇了欧几里得平面自希腊时代以来所占有的至高无上的地位；还有埃舍尔，他在他的绘画中画出了无穷大，而没有别的艺术家曾这样做。像埃舍尔的很多画那样，在现实与幻想巧妙交织在一起的地方，我们每一个人都必须选择自己对无穷大的幻想。因此，让我们把最后一句话留给诗人：

无 穷 大

莱奥帕尔迪（Giacomo Leopardi）

这座荒凉的小山曾使我感到亲切，
还有这遮盖好大一片地平线的树篱。
但当我坐下来凝视时，
我的思想感知到了——
伸展到远方的中间距离，
以及超自然的沉寂；
还有那幽深的平静，
直到我的心几乎感到气馁为止。
当我听到风沙沙地吹过这些树叶，
我发现自己把这声音与那无限的寂静进行对比。
我回想起了永恒和所有逝者，
还有活着的神灵和他们的声音，
于是我的思想浸入这种浩大之中，
在这个海洋中沉没，令我无限愉悦。

——［巴里塞里（Jean-Pierre Barricelli）译自意大利语］

附　　录

1. 欧几里得对素数无穷多个的证明

欧几里得证明了素数有无穷多个,而且他的证明时至今日仍被认为是逻辑明晰性的典范。他的证明遵循的是所谓的**间接法**:我们暂时假设只有有限个素数,比如说只有 n 个。然后我们证明这种假设导致一个逻辑矛盾,因此这个假设一定是错误的。

令 n 个素数是 $p_1, p_2, p_3, \cdots, p_n$。现在我们令一个数 N 等于所有这些素数相乘的乘积上再加 1:

$$N = p_1 p_2 p_3 \cdots p_n + 1 。$$

由于 N 的特殊构造,现在这个数大于每一个素数 $p_1, p_2, p_3, \cdots, p_n$。而且,根据我们的假设,$N$ 不可能是素数,因为我们已假定 $p_1, p_2, p_3, \cdots, p_n$ 组成的集合包含了**所有的**素数,所以 N 一定是一个合数。根据算术基本定理,它可以分解成我们这个集合中的某些素数。但是,如果我们试图使用这些素数中的任何一个除 N,我们总能得到一个余数 1(因为我们在它们的乘积上加了一个 1)。所以 N **无法**被列出的任何素数除尽。这只能意味着两件事:或者 N 本身是一个未被列入原来集合的素数,或者在 N

的因子中一定有某个或某些新素数未被包含在我们的集合中。无论是哪种情况，我们都会遇到矛盾，因为我们假设我们的集合包含**所有的**素数。因此，我们的假设是站不住脚的：素数集不可能有终点——它是无限的。

例如，假设包括所有素数的集合由 2,3 和 5 组成，那么 $N=2\cdot3\cdot5+1=31$，这是一个原来的集合中没有包括的新素数。另一方面，如果初始的集合包含素数 3,5 和 7，那么 $N=3\cdot5\cdot7+1=106$，它是素数 2 和 53 的乘积。这样一来，初始的集合里必须加入两个新素数。这一过程现在可以重复下去：从新的——包括（在第一个例子中的）素数 2,3,5 和 31——的集合出发，我们可以构建一个新 N，即 $N=2\cdot3\cdot5\cdot31+1=931=7\cdot7\cdot19$。这样一来，另外两个素数（7 和 19）便产生了。继续这一过程，我们实际上可以生成越来越多的素数，从而创造出数学"连锁反应"。

2. $\sqrt{2}$ 是无理数的证明

证明 $\sqrt{2}$ 是无理数的方法至少有三种。我们将给出一种基于算术基本定理的代数证明。然而，这不是毕达哥拉斯的追随者第一次发现 $\sqrt{2}$ 的无理性时使用的原有证明；他们十有八九给出的是一个以几何学推理为基础的证明①。

我们还是使用间接法，假定 $\sqrt{2}$ 是有理数，即它能被写成两个整数的比：

$$\sqrt{2}=\frac{m}{n} \tag{1}$$

通过两边平方和移项，我们得到 $2=m^2/n^2$ 或者

$$m^2=2n^2 \tag{2}$$

因为 m 和 n 是整数，所以它们可被唯一地分解成其素因数。这样一来，令 $m=p_1p_2p_3\cdots p_r,n=q_1q_2q\cdots q_s$。把它代入方程（2），我们得到

———————————

① 例如，可参阅 Howard Eves 的 *An Introduction to the History of Mathematics* 一书（第四版）第 65 页（Holt,Rinehart and Winston,New York,1976）。

$$(p_1 p_2 \cdots p_r)^2 = 2(q_1 q_2 \cdots q_s)^2$$

或者

$$p_1 p_1 p_2 p_2 \cdots p_r p_r = 2 q_1 q_1 q_2 q_2 \cdots q_s q_s \qquad (3)$$

现在,在素数 p_i 和 q_i 中,素数 2 **可能**出现(如果 m 或 n 中有一个是偶数,它就会出现)。如果它出现,那么它一定在方程(3)的左边出现**偶数**次(因为那里的每个素数出现两次),而在右边则出现**奇数**次(因为右边已经有一个 2)。即使 2 **没有**出现在 p_i 或 q_i 中也一样。在这种情况下,2 将根本不出现在左边,然而它却在右边出现一次。两种情况下都产生了一个矛盾:因为素数的分解是唯一的,所以素数 2 不能在方程的一边出现偶数次而在另一边出现奇数次。故方程(3)进而方程(1)不可能成立:$\sqrt{2}$ 不能写成两个整数的比,因而它一定是一个无理数。

同一个证明方法可以用来说明每个素数的平方根都是无理数。但是,要证明 π 和 e 是无理数,则需要更强有力的方法。瑞士数学家兰伯特于 1768 年证明了 π 的无理数特性。一百多年后,1882 年,德国数学家林德曼证明 π 不仅是无理数,而且事实上是一个超越数,他的证明长达 13 页。这个重要的数的地位借此最终确立,从而结束了对这个数的特性进行的长达近四千年的思考和探索。

3. 几何级数的收敛与调和级数的发散

为了证明几何级数 $a+aq+aq^2+\cdots$ 在 $-1<q<1$ 时收敛,我们首先研究有限几何级数:

$$S = a+aq+aq^2+\cdots+aq^{n-1} \qquad (1)$$

(这个级数有 n 项:a 是它的**首项**,q 则是它的**公比**。)用 q 乘以方程(1)的两边,我们得到

$$qS = aq+aq^2+\cdots+aq^{n-1}+aq^n \qquad (2)$$

(注意:相对于方程(1),我们已把方程(2)中的每一项向右移动了一位。)

如果我们现在从方程(1)中减去方程(2),除第一和最后一项之外的所有项都将消掉:

$$S-qS=a-aq^{n} \tag{3}$$

我们据此得到 $S(1-q)=a(1-q^{n})$,或者

$$S=\frac{a(1-q^{n})}{1-q} \tag{4}$$

这个公式给出了用 a,q 和 n 表示的这个几何级数前 n 项的和。

注意:在方程(4)中,唯一一个取决于 n 的项是 q^{n}。如果 q 的绝对值小于1(即 $-1<q<1$),这个项将随着 n 的增加而变得越来越小;也就是说,当 $n\to\infty$ 时,$q^{n}\to 0$。这样一来,当这个级数中的项的数目无限增加时,如果 $-1<q<1$,它的和逼近极限 $a/(1-q)$。我们说有限几何级数 $a+aq+aq^{2}+\cdots$ 收敛于或者说它的和是

$$S=\frac{a}{1-q} \tag{5}$$

我们必须再次强调:只有在 $-1<q<1$ 时,这个公式才有意义;对于绝对值大于1的 q 的值来说,这是无意义的,例如,对于 $a=1$ 和 $q=2$,方程(5)的右边得出 $1/(1-2)=-1$,而相应的级数 $1+2+4+8+\cdots$ 显然发散。

为了说明调和级数发散,我们采用**对比方法**:我们把给出的级数与另外一个我们知道其收敛或发散状态的级数("比较用级数")进行对比。如果给出的级数的每一项都小于比较用级数的对应项,而且后者收敛,那么给出的级数也具有相同的特性。另一方面,如果给出的级数的每一项都**大于**比较用级数的对应项,而且如果后一个级数**发散**,那么给出的级数也发散。我们将证明调和级数属于后一种情况。

我们用 S 表示调和级数:

$$S=1+\frac{1}{2}+\underbrace{\frac{1}{3}+\frac{1}{4}}+\underbrace{\frac{1}{5}+\frac{1}{6}+\frac{1}{7}+\frac{1}{8}}+\cdots \tag{6}$$

在每个括号中的项组,如果我们用该组的**最后**一项代替前面每一项,那么将会得到一个新级数 S':

$$S'=1+\frac{1}{2}+\underbrace{\frac{1}{4}+\frac{1}{4}}+\underbrace{\frac{1}{8}+\frac{1}{8}+\frac{1}{8}+\frac{1}{8}}+\cdots \tag{7}$$

在进行这种替换时,我们已经使用一个相等的或**较小的**项代替了原有级数的每个项(例如,$1/4 < 1/3$、$1/8 < 1/5$,等等)。因此,S' 的每一个部分和都小于 S 的对应部分和:$S'_n < S_n$,或者换一种表达方式 $S_n > S'_n$,其中的 S_n 和 S'_n 分别是 S 和 S' 的前 n 个部分和。但是级数 S' 可写为

$$S' = 1 + \frac{1}{2} + \frac{1}{2} + \frac{1}{2} + \cdots \tag{8}$$

这是因为每一个括号中的项群和都等于 $1/2$。最后一个级数显然发散,故调和级数也发散。

应该指出,这个证明方法没有对调和级数发散速度有多快作任何说明,这是**存在性定理**的一个典型实例。存在性定理确立一个数学事实(这个实例中调和级数是否收敛),但并不给出涉及的量(这里是发散速度)的数值的任何线索。另一个存在性定理是关于 $\sqrt{2}$ 是无理数的定理:其证明没有给出有关这个数的数值的任何线索。它的值必须从其他地方,即从毕达哥拉斯定理中推导出来。从这个意义上讲,**几何级数有一个很大的优势**:它实际上产生了一个公式,从这个公式可以求和。几何级数是为数不多的很容易地找到这种公式无穷级数之一。

4. 圆的反演的一些特性

我们将证明正文中提到的圆的两个反演性质。我们假设反演圆是单位圆,即半径为1,圆心为 O 的圆,我们用 c 表示这个圆。

性质1:反演把不经过圆心 O 的直线变换成通过 O 的圆,反之亦然。

证明:设这条直线是 l(图 A.4.1)。我们在 l 上选择两个点,点 P 最靠近 O,另外一个是任意点 Q。设 P 和 Q 在反演中的像点分别是 P' 和 Q'。所以,$OP' = 1/OP$,$OQ' = 1/OQ$,或者

$$OP \cdot OP' = OQ \cdot OQ' = 1 \tag{1}$$

从中我们得到

$$\frac{OP}{OQ} = \frac{OQ'}{OP'} \tag{2}$$

但是这意味着 $\triangle OPQ$ 相似于 $\triangle OQ'P$（$\angle POQ$ 是两个三角形的公共角）。因为 P 是直线 l 上距 O 最近的点，直线 OP 垂直于 l，所以 $\triangle OPQ$ 是一个直角位于点 P 的直角三角形。故 $\triangle OQ'P$ 也是一个直角三角形，其直角位于点 Q'，而且这与 Q 在直线上的位置无关。现在我们使用欧几里得几何学中的一个著名的定理：与一条给定线段两端连线成直角的所有点形成的轨迹，是一个直径等于给定线段长的圆。所以，当 Q 沿直线 l 移动时，其像点 Q' 画出一个直径为 OP' 的圆 k。这个圆经过 O。

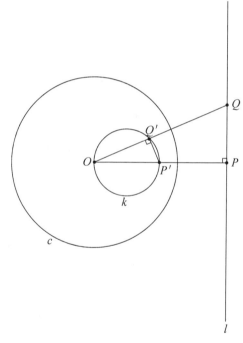

图 F.4.1

注意：图 F.4.1 中的直线 l 从反演圆 c 的外边经过。但是，我们的证明是完全具有一般性的，即使 l 与 c 相交（只要 l 不经过 O），它也将适用。当然，在这种情况下，像点圆 k 将部分地位于 c 之外（见图 12.3）。

为了证明这种性质的逆定理——反演使每一个经过 O 的圆变换成一

条不经过 O 的直线,我们只需运用反演的对称特性。这种特性表明"点"和"像点"两个词总是可以互换。所以,如果点 Q' 画出一个经过 O 的圆,那么其像点(即点 Q)将沿一条不经过 O 的直线移动。这便完成了这种证明。

性质 2:反演把不经过 O 的圆变换成不经过 O 的圆。

证明:设这个圆是 k(图 F.4.2),而且我们在 k 上选择三个不同的点:点 P 离 O 最近,点 Q 离 O 最远,另外一个点是 R。(在图 F.4.2 中,直线 OR 与 k 相切,但并不需要总这样;k 上的**任何**点都可以。)所以,线段 PQ 是 k 的一条直径。现在我们看一看这些点的像点 P',Q' 和 R'。我们得到了 $OP'=1/OP$,$OQ'=1/OQ$ 以及 $OR'=1/OR$。所以,

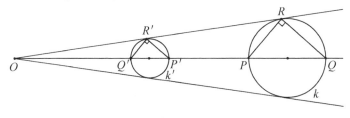

图 F.4.2

$$OP \cdot OP' = OQ \cdot OQ' = OR \cdot OR' = 1 \qquad (3)$$

或者

$$\frac{OP}{OR} = \frac{OR'}{OP'}, \frac{OQ}{OR} = \frac{OR'}{OQ'} \qquad (4)$$

$\angle FOR$ 还是 $\triangle OPR$ 和 $\triangle OR'P'$ 的公共角,所以这两个三角形相似。$\triangle OQR$ 和 $\triangle OR'Q'$ 也相似。设想 R 绕圆 k 以顺时针方向运动,那么直径 PQ 所对的 $\angle PRQ$ 是一个直角。[注意:我们是以顺时针方向(从 R 到 Q)测量的这个角。]我们希望说明 $\angle P'R'Q'$ 也是一个直角,但这是以反时针方向测量的。

为了说明这一点,我们使用初等几何的第二个定理:三角形的一个外角等于它不相邻的两个内角的和(图 F.4.3)。因此,$\angle OQ'R' = \angle OP'R' + \angle P'R'Q'$,或者

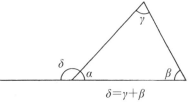

$$\delta = \gamma + \beta$$

图 F.4.3

$$\angle P'R'Q' = \angle OQ'R' - \angle OP'R' \qquad (5)$$

但是,因为△OPR 与△OR'P'像△OQR 与△OR'Q'一样是相似的,所以∠OQ'R' = ∠ORQ,∠OP'R' = ∠ORP。因而方程(5)变成了

$$\angle P'R'Q' = \angle ORQ - \angle ORP = \angle PRQ$$
$$= 90° \qquad (6)$$

故∠P'R'Q'是 90°。所以,当 R 绕着直径为 PQ 的圆 k 移动时,R'画出一个直径为 P'Q'的圆 k'。这就完成了这个证明。

尽管∠PRQ 是以顺时针测量的,然而它的"像角"∠P'R'Q'却是以**逆时针**测量的,这就意味着 R 绕 k 沿顺时针方向移动,其像点 R'绕 k'沿**逆时针方向**移动。反演像反射一样,总是把圆周运动的方向颠倒过来。

还有一点值得注意,而且还很有趣:尽管反演把圆 k 变换为 k',然而 k 的中心并**没有**被变换成 k'的中心。也就是说,尽管反演保留了作为一个圆所具有的特性,然而,它并没有保留作为圆心的特性。这是因为,"作为圆心"是一个涉及距离的特性(圆心到圆上的所有点等距),而且我们已经看到,反演并不保持距离。

这里给出的证明是所谓的"综合"证明——它完全依赖于几何结构。人们可以使用"解析"证明论证相同的特性,这就是解析几何的方法。它具有高效的优点——同样的证明将立刻确定性质 1 和 2[①]。

反演的第三个特性(涉及角度保持)将结合球极平面投影进行讨论。

5. 球极平面投影的一些特性

我们将证明正文中谈到的球极平面投影的三个性质。我们假设我们的球体有一个单位直径(即半径为 1/2;这将确保赤道的像点在平面上是一个单位圆)。设球体的南极 S 与地图的平面接触。图 F. 5. 1 给出了该

———————————

① 见 Felix Klein 的 *Elementary Mathematics from an Advanced Standpoint: Geometry* (Dover Publications, New York),第 98–102 页。

球体的剖面图；线段 EE 代表赤道。

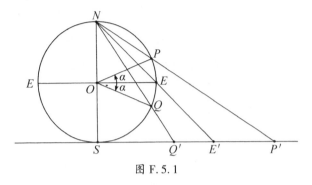

图 F.5.1

性质 1：球极平面投影把具有相同经度和相反纬度的两个点变换成地图上的两个互为反演点的点。换句话说：球体赤道平面中的反射对应于地图平面中的反演。

证明：令这两个点是 P 和 Q，其纬度分别为 α 和 $-\alpha$。现在我们使用初等几何中的一个定理：一个圆中对应于同一段弧的圆周角等于圆心角的一半（图 F.5.2）。所以我们得到（图 F.5.1）：

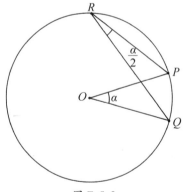

图 F.5.2

$\angle ENP = \alpha/2$，因为对应于同一段弧 EP；$\angle ENQ = -\alpha/2$，因为 $\angle ENQ$ 与 $\angle EOQ$ 对应于同一段弧 EQ；$\angle ENS = 45°$，因为 $\angle ENS$ 与 $\angle EOS$ 对应于同一段弧 ES。所以，$\angle PNS = 45°+\alpha/2$，$\angle QNS = 45°-\alpha/2$。现在我们使用**正切**三角函数（写作"tan"）求线段 SQ'，SE' 和 SP' 的长度；在这样做的过程中，我们记住 $NS = 1$：

$$SQ' = \tan(45° - \alpha/2)$$
$$SE' = \tan 45° = 1$$
$$SP' = \tan(45° + \alpha/2)$$

使用两个著名的三角恒等式(即所谓的"和差公式"),上述方程中的第一个和第三个可写作

$$SQ' = \frac{1 - \tan\dfrac{\alpha}{2}}{1 + \tan\dfrac{\alpha}{2}}, \quad SP = \frac{1 + \tan\dfrac{\alpha}{2}}{1 - \tan\dfrac{\alpha}{2}}$$

据此可得到 $SP' \cdot SQ' = 1$,表明像点 P' 和 Q' 相对于地图上的赤道圆互为反演。

性质2:球极平面投影把球体上的每一个圆变换为地图上的一个圆或一条直线,反之亦然。

证明:我们只证明这个性质的第二部分,即关于直线的那一部分。对于第一部分,读者可参考其他书籍①。

令地图平面中的直线为 l。我们用直线把 l 上每一点与北极 N 连接起来,使 l 上的每一点反向投射到球体上(图 F.5.3)。这样产生的直线束都位于由 l

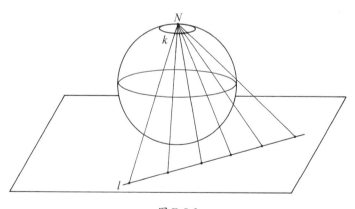

图 F.5.3

---

① 见 Konrad Knopp 著,Frederick Bagemihl 译的 *Elements of the Theory of Functions*,第 35-39 页(Dover Publications,1952)。

和 N 确定的平面内。这个平面以经过 N 的圆 k 切割球体。所以,地图平面中的每一条直线(包括从 S 发出的直线)被投射到经过球体北极的一个圆上。

为了证明这个命题的逆命题,我们使用投影的对称特性:如果 P' 是 P 的像点,则 P 是 P' 的像点。这样一来,作为一个反演,"点"和"像点"这两个词永远可以互换。由此可见,在球体上经过北极的每一个圆都被变换成地图上的一条直线。

性质 3:球极平面投影是保形(保角)的。

我们将证明,如果地图平面中的两条曲线以角 α 相交,它们在球体上的像曲线也以角 α 相交;换句话说,投影是保角的。

证明:首先我们必须弄清楚两条曲线的相交角是什么意思。相交角是指两条曲线的切线在交点形成的角(图 F.5.4)。在交点 P 附近的一个小范围内,我们可以用切线 t_1 和 t_2 逼近曲线 k_1 和 k_2。

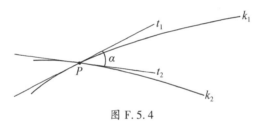

图 F.5.4

我们现在把这两条切线投射到球体上,每一条切线都将穿越经过北极的一个圆,我们把这两个圆称为 c_1 和 c_2。现在 c_1 和 c_2 在球体上的**两点 N 和 P'** 处相交。而且,按照圆的几何学,它们的交角与在 N 和 P' 处的相同。但是在 N 处 c_1 和 c_2 的切线是水平的,因此(在空间上)平行于直线 t_1 和 t_2。因而,c_1 和 c_2 在 N 处,同样也在 P' 处的交角,等于原来曲线在 P 处的交角。这便完成了证明。

顺便说一下,球极平面投影的保角特性意味着反演也是保角的。这是因为平面中的反演对应于球体赤道平面的反射(性质 1)。由于反射,还有从平面到球体的投影都保角,所以我们看到两条曲线的交角在反演中也得到保持。(然而,请注意:因为反射总是把旋转的方向倒了过来,因此只保留了角度的大小;其方向被颠倒了过来。)于是,两条不经过反演中

心 O 的垂直线变为一对**正交圆**(以直角相交的圆),二者都经过 O。我们也曾看到双曲线如何在反演之后被变换成以 O 为中心的"8"字形图形[图12.5(c)]。这两个圆应该以直角相交,因为双曲线的两个分支在无穷远处的一个点上"相交",而且在那里垂直。这样一来,反演通过它的保角特性,使我们看到了在无穷远处所发生的事情!

6. 只有五种正多面体的证明

这种证明基于与任何单连通多面体(一个没有洞的多面体)的面数 F、边数 E 和顶角数 V 有关的欧拉公式:

$$V-E+F=2 \qquad (1)$$

假设我们的多面体有 F 个相同的面,每一个面都是一个有 n 条边的正多边形。(例如,对立方体来说,$F=6$,$n=4$。)然后数一数边的总数目,我们得到

$$nF=2E \qquad (2)$$

因为每条边属于两个面,因此在乘积 nF 中数了两次。进一步假设 r 条边在每一个顶角 V 上相交。(对立方体来说,$V=8$,$r=3$。)然后再数一数边数,我们得到

$$rV=2E \qquad (3)$$

因为每条边连接两个顶点。用方程(2)和(3)中的 F 和 V 代入方程(1),我们得到

$$\frac{2E}{r}-E+\frac{2E}{n}=2$$

或者

$$\frac{1}{n}+\frac{1}{r}=\frac{1}{E}+\frac{1}{2} \qquad (4)$$

现在我们知道 $n \geqslant 3$,$r \geqslant 3$,因为每一个多边形至少必须有三条边,而且多面体的每一个顶角上至少必须有三条边相交。但是方程(4)意味着

n 和 r 不能两个都大于 3,不然的话,方程(4)的左边将小于(或等于)1/2,从而使 E 成为一个负数(或者当 $n=r=4$ 时是不确定的)。这样一来,我们只有在 $n=3$ 时寻找 r 的可能值,以及 $r=3$ 时 n 的可能值。

对于 $n=3$,方程(4)变成了

$$\frac{1}{E}=\frac{1}{r}+\frac{1}{3}-\frac{1}{2}=\frac{1}{r}-\frac{1}{6}$$

因而,r 的可能值是 3,4 或 5($r=6$ 将使 E 是不确定的;大于 6 的任何值将使它成为负数)。E 的对应值分别为 6,12 或 30,这便产生了四面体、立方体和十二面体。(注意:这些立体是 $n=3$ 时得到的立体的对偶——这正是我们曾提到的对称的结果。)这些情况包括了所有的可能性。这样看来,与平面中有无穷多个正多边形不同,空间中只有五种正多面体。

7. 群的概念

群是满足下列四个要求的所有对象或"元素"(不考虑它们的具体特性)的集合:

1. 在群的元素中定义一种运算,使得在该群的任何两个元素上进行这种运算时,得到的结果总是群中的另一个元素。因为缺少更好的名字,习惯上把这种运算称为"乘法"(尽管群的元素可能不是数字)。因此,两个元素 a 和 b"相乘"的结果是它们的积,用 ab 表示。由于 ab 一定总是群中的一个元素,我们说乘法中的群的元素是"**封闭的**"。

2. 在群的元素中,必定有一个称为**单位**元素的元素,用 e 表示;对于群中的每一个 a 来说,这个元素使 $ae=a$;也就是说,用 e 乘任何元素的效果是"什么也没做"。

3. 对于群中的每一个元素 a,一定有另一个元素 b 在这个群中,使得 $ab=e$,b 称为 a 的**逆**。

4. **结合律**适用于群中的所有元素,这就是说,如果 a,b 和 c 是群中的任何元素,我们可得到 $a(bc)=(ab)c$,所以元素的分组顺序无关紧要。

注意:**交换律**不在群的要求之中,因此很有可能 $ab \neq ba$。

以下是群的几个实例:

1. 加法中的整数。这里的 e 就是0,一个整数的逆是它的负数。[实际上,对于任一整数 a 来说,$a+0=a$,$a+(-a)=0$。] 由于两个整数之和一定总是另一个整数,因此满足了条件1(封闭)。当然,我们还知道,数字相加是满足结合律的。

2. 乘法中的有理数(0除外)。这里 $e=1$,数字 a 的逆是它的倒数 $1/a$。从有理数的特性可知,封闭和结合律的要求在这里再次得到满足。

3. 乘法中的数集 $\{1,-1,i,-i\}$,其中 $i^2=-1$。这是一个**有限群**(前面介绍的群都有无穷多个元素)。注意:它的子集 $\{1,-1\}$ 也是同种运算中的一个群,这是因为这个集合满足群的所有四个要求。(集合 $\{i,-i\}$ 就不满足,因为这个集合在乘法中不是封闭的。例如 $i \times i = -1$;而且它也没有单位元素。)这样一来,集 $\{1,-1\}$ 是这个大群的**子群**,整个群的“乘法表”见下:

表 F.7.1

	1	−1	i	−i
1	1	−1	i	−i
−1	−1	1	−i	i
i	i	−i	−1	1
−i	−i	i	1	−1

4. **抽象群**(其元素不是数)的一个例子是平面中的所有向量。**向量**是一种有大小和方向的量,它由一个箭头或者一条有方向的线段表示,而且用粗体字母表示(其中第一个字母代表向量的起点,第二个字母代表向量的终点。(向量的例子有平移、速度和力。)这里的群运算是向量加法,它是根据大家熟悉的“三角形法则”进行的:在把向量 AB 和 CD(图 F.7.1)相加时,我们首先平行移动 CD,直至它的起点 C 与 AB 的终点 B 重合为止。(注意:向量 CD 和 BE 相等,因为它们的大小和方向相同。)然后,通过连接 AB 的起点 A 和 BE 的终点 E,便可得到 $AB+BE$ 的和,结果是 AE。**零向量**是 AA 形式(即单个点)的任何向量。向量 AB 的逆是向量 BA——这两个向量大小相等,方向相反。(实际上,$AB+BA=AA$,这符合群的第三条要

求。)最后,我们可以证明结合律总能实现:$AB+(BC+CD)=(AB+BC)+CD$。实际上,根据三角形法则,这个方程的左边是 $AB+BD$,因而等于 AD;而右边则等于 $AC+CD$,或者 AD,这就证明了上述规则。

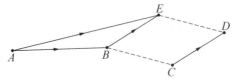

图 F.7.1　向量的加法。

既然平移是向量,我们看到平面中所有平移的集形成一个群。这个群正是我们在第 20 章提到过的与一个图形的对称元素有关的群。

还可以证明:等边三角形的 6 个对称元素的集是一个群。这里的群运算是两个对称元素的**组合**,即逐次应用。(事实上,这是一个非交换群的例子①。)

最后应该指出的是与两次反射组合有关的两个结果。如果我们在平行镜子中组合两次反射,其结果是镜子之间的**平移距离**等于镜子间间隔的两倍(图 F.7.2)。这是在理发店常见的景象,在那里,你在**每一面别的**

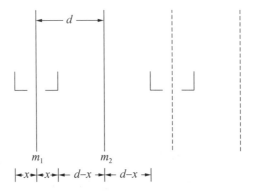

图 F.7.2　平行镜子中的两次反射产生一次横越镜子的平移;平移距离
是镜子之间间隔的两倍。(注意:$x+x+(d-x)+(d-x)=2d$。)

---

① 细节见 W. W. Sawyer 的 *Prelude to Mathematics* 一书(Pengiun Books, Hanponlsworth, 1966)。——原注

镜子里便可看到你的后脑勺。类似地,在一对倾斜镜子里(例如在万花筒中)的两次反射的组合结果是一次**旋转**;旋转中心是镜子的交点,其角度是镜子间夹角的两倍(图 F.7.3)。

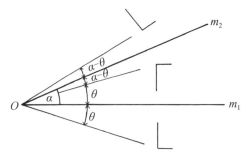

图 F.7.3　倾斜镜子中的两次反射形成一个经过两倍倾斜角的旋转。
(注意:$\theta+\theta+(\alpha-\theta)+(\alpha-\theta)=2\alpha$。)

当我们站在两面呈 90° 夹角的镜子之间时,可以看到这种情况:我们在每一面镜子里都看到了自己的反射图像。但是当我们向它们的交线看时,我们看到的是别人眼中的自己——我们的真实图像旋转了 180°。这两个结果与可能的对称群(沿一条直线以及在平面中)的数目有限这个事实有关。

8. 康托尔关于幂集的元素数多于生成这个幂集的集所具有的元素数的证明

在下面的讨论中,我们将使用现代集合论的术语。一个(有限的或者无限的)集合的元素数是它的基数(康托尔原来使用的是"幂"一词),而一个给定集的所有子集的集合则是它的**幂集**。

令这个集合为 S,而它的幂集是 S'。我们希望证明 S 的元素总是比 S 多;也就是说,S' 的基数比 S 大。

对于一个有限集来说,这一点很容易证明。如果 S 有 n 个元素,那么 S' 将有 2^n 个元素,通过归纳法可以很容易说明这一点。因为对于所有的 $n=0,1,2,\cdots$ 来说,$2^n>n$,这便证明了我们的论断。

然而,对于**无限**集来说,这种证明没有意义,因为当 n 无穷大时,我们没有赋予表达式 2^n 以某种意义,所以康托尔不得不把他的证明完全建立在一一对应概念的基础之上;它表明**无法**在 S 和 S' 之间建立这种**一一对应**。他的证明理所当然有些抽象,因为无法使用普通(即有限的)代数学的公式。

假设**确实**存在这种 1:1 对应。这就是说,对于 S 中的任何一个 s 来说,在 S' 中有且仅有一个 s',反之亦然;用符号表示就是 $s \leftrightarrow s'$,我们把"像"为 s' 的元素 s 称为 s' 的"生成元"。(当然,从对应的 1:1 特性看,"生成元"和"像"这两个词总可以互换。)应当指出:赋予这种对应的实际规则可能具有相当大的任意性,只要满足 1:1 要求即可。举例说明,假设 $S = \{a, b, c\}$,那么 $S' = \{\{a\}, \{b\}, \{c\}, \{a, b\}, \{a, c\}, \{b, c\}, \{a, b, c\}, \{\}\}$。(注意:我们在 S' 中,还把 S 自身以及空集 $\{\}$ 也包括在内。)现在令我们的对应如下:$a \to \{a, b\}, b \to \{b, c\}, c \to \{a\}$。(我们使用了符号 $\to$,而不是 $\leftrightarrow$,因为实际上我们知道 S 和 S' 无法 1:1 对应。)

现在 S' 的元素可分为两类:那些包括自己的生成元在内的元素(或 S 的子集),以及那些不包括自己的生成元在内的元素。在我们上面的例子中,子集 $\{a, b\}$ 和 $\{b, c\}$ 属于第一类,因为按照我们的对应规则,这两个集中的第一个有生成元 a,而第二个有生成元 b。然而,子集 $\{a\}$ 属于第二类,因为其生成元 c 没有包括在内。

现在我们形成了一个新集 T,它包括 S 中所有其像属于 S' 里第二类的元素;也就是说,是 S 中所有不包括在自己像里的元素。因为 T 包括 S 的元素,它自己是 S 的一个子集,所以它是 S' 的一个元素,而且,由于在 S 和 S' 之间有一种 1:1 对应,所以 T 在 S 中一定有一个生成元。我们把这个生成元称为 s^*。

现在我们问:s^* 包括在 T 中吗?如果包括在 T 中,这将与 T 作为 S 中所有**不**包括在自己像中的元素的集合这个定义相矛盾。所以 s^* 不包括在 T 中。但是这还是与 T 的定义相矛盾,因为 T 是 S 中**所有**不包括在它们像中的元素的集合。这样一来,s^* 必定包括在 T 中同时又必定不包括在 T 中,这显然是不可能的。因此,S 和 S' 之间建立起 1:1 对应的假设是不正确的。

于是,我们证明了一个集合及其幂集一定有不同的基数。为了确定谁的基数更大,我们注意到 S 中的每一个元素 s 总能通过平凡对应 $s \rightarrow \{s\}$,与 S' 的一个元素匹配起来。所以 S' 有比 S 更多的元素:幂集的基数总是多于它的"母"集的基数。

9. 集合论的一些新近发展

我们简要回顾一下自康托尔 19 世纪 80 年代的开拓性工作以来,在集合论领域所出现的一些进展。有关这方面更多的细节,读者可参阅有关这个主题的大量文献①。

这些发展中的第一个开始于康托尔自己。他在 1891 年曾想到把集合论的观点应用于我们能够想到的最大的集——**所有集合的集合**。这样一种包容万象的概念自然是他早期工作的逻辑延伸,但是他马上遇到了一个困难:这个集合的基数是什么? 很显然,它一定拥有所有的集合中最大的可能基数。然而,正如康托尔以前已经证明的那样,人们可以从任何一个集合出发建立一个有更大基数的新集,也就是原有集合的幂集。这样看来,所有集合的集合不能拥有最大的可能基数。这便成了很多悖论之中的第一个悖论,它涉及集合概念本身的定义。

1902 年,英国数学家和哲学家罗素(Bertrand Russell)遇到了另一个悖论。在各种各样的集合中,我们可以想到有一些集合所具有的特性只属于它们自己。例如,令 S 是所有**能够用正好八个英文单词描述下来的物体**的集合。由于 S 本身需要用八个单词加以描述,它属于它自己。现在考虑那个由所有不属于它们自己的集合组成的集合 R。R 属于它自己吗? 如果是,这将与 R 的定义相冲突。如果不是,那么它一定属于它自

---

① 例如,可参阅 Paul J. Cohen 和 Reuben Hersh 的 *Non-Cantorian Set Theory* 一文(*Scientific American*,1967 年 12 月)。Morris Kline 的 *Mathematics: The Loss of Certainty* 一书(Oxford University,New York,1980)中很好地回顾了数学在 19 世纪和 20 世纪的发展。——原注

己，因为 R 被定义为**所有**不属于自身的集合的集合，所以，R 一定同时既属于它自己又不属于它自己，这显然不可能。罗素在 1918 年给出了这个悖论中的一个更普遍的类型，这就是著名的理发师悖论。在一个小镇上只有一名理发师，他的门上有这么一个招牌："我将为这个镇中任何一个不自己刮胡子的人刮胡子。"这个招牌上还用小字写着这么一句话："那些自己刮胡子的人不在其内。"令他沮丧是，有一天他发现他无法履行自己的诺言，因为：他应该自己刮胡子吗？如果他自己刮胡子，那么他会违背他本人只给本镇不自己刮胡子的人刮胡子的诺言。但是，如果他自己不刮胡子，他也违背了自己的诺言，因为根据这个诺言，他**必须**给自己刮胡子！

从此以后，人们发现了更多类似的悖论。一个人在他脆弱的瞬间会供认："我是一个说谎的人！"他说的是真的吗？如果是，那么他的忏悔是一个谎言，这就意味着他不是一个说谎的人；但是如果他不是一个说谎的人，那么他的忏悔是真的，所以他是一个说谎的人！或者我们看一看下面的两个陈述：

下面的句子是假的

上面的句子是真的

分开来看，每个句子都是一个正确的陈述；放在一起看，它们构成了一个自相矛盾的循环论证，一种等同于埃舍尔的不可能图形怪圈的逻辑陈述①。

诸如此类的悖论促使数学家重新审视集合论的基础，人们越来越感觉到，这个理论尽管在描述无穷集合方面很成功，但是它不能建立在康托尔对集合的直观定义的基础上。康托尔对集合的直观定义是：我们的直觉或思想中确定的、不同的物体 m 以任意方式成为一个总体 M，特别是，正如罗素指出的那样，当这个定义不加区分地应用于所有集合的集合时，它会给我们带来很多困难。罗素坚持认为，在定义任何特定对象的集合时，人们不能使

---

① 然而，另一个著名的悖论是下面这句话："每条规则都有例外。"如果这个命题是真的，它一定也有例外，也就是说一定有一些规则没有例外。但这又使这个命题是假的！所以，这个命题是自相矛盾的，而且好像动摇了称为排中律的最基本的逻辑原理，这个原理指出每个数学命题非真即假。——原注

用定义中的同一个集合。用罗素自己的话说就是：“任何涉及某种集合的**全集**的东西，一定不是这种集合中的一员。”这立刻就可以消除上述悖论。

但是甚至是这种限制也不足以让集合论从这种逻辑漏洞中彻底解脱出来。为了把这个理论建立在一个坚实而严格的基础之上，德国数学家策墨罗（Ernst Zermelo）在1908年提出了由九个公理组成的系统，这九个公理定义了集合的概念，并且规范了其用法，就像欧几里得用十个公理定义几何学的基本概念并规范其应用一样。具体说来，这九个公理定义了两个集合之间的基本关系（相等、并集和子集），并且确保空（“零”）集、无限集以及其元素自身也是集合的那种集合的存在。后来，在1922年，弗兰克尔（Abraham A. Frankel）①改进了策墨罗的公理系统。从此以后，它被称为策墨罗－弗兰克尔（ZF）系统，并且成了集合论领域大多数研究的工作基础。

在九个ZF公理中，有一个公理因其特性，能假定某种事物存在特殊地位，这引起了相当多的争议。这就是著名的**选择公理**（系统中的第八个公理），它指出：

> 如果S是非空集的一个（有限的或无限）集合，而且如果S中任何两个集合都没有公共元素，那么，建立一个新集合（“选择集”）是可能的，新的集合恰好由S中每个集合中的各一个元素组成。

对于有限集来说，这个公理非常明显：我们只需从S的每一个成员集中选择一个元素即可，立刻就生成了选择集。然而对于**无限**集来说，就会产生一个问题：我们如何准确地作出我们的选择？这个问题可能看似不重要，但是我们应记住，我们现在研究的是无限集合，而且经验告诉我们，当涉及无限时我们不能认为一些事情理所当然会发生。事实上，我们已见到过一个命题，其真实性看似非常明显，但是它与无穷大的微妙关系，给了数学家们怀疑其基本前提的理由。这便是欧几里得第五公设，即著名的平行公设。选择公理在集合论中有类似的地位。很多数学家已经感

---

① 弗兰克尔（或者其希伯来语名字Avraham Halevi）是我于1956年在耶路撒冷希伯来大学时的老师。他那极为出众的数学演讲夹杂很多奇闻轶事，这使得他在同事与学生中成了一个传奇人物。我很荣幸能够把这本书献给他。——原注

觉到,不能认为它是理所当然的,而且它也不像 ZF 第一公理那样是不证自明的,因为第一公理只是定义了两个集合的相等关系("当而且只有当两个集合具有相同的元素时,这两个集合才相等")。

选择公理很重要,因为集合论中很多定理的证明都是以它为前提的,这一点正好与欧几里得几何学中的很多定理是以第五公设(例如三角形的内角和等于180°)为前提的情况相同。因此,数学家们很不愿意放弃这个公理。他们开始试图根据 ZF 的其他公理证明这个公理,但这些努力都徒劳无功:先是由美籍奥地利数学家哥德尔证明选择公理与 ZF 公理的其他公理相容,也就是说其他公理不能证明它是不对的。后来又由科恩证明 ZF 公理的其他八个公理不仅无法证明这个公理不正确,也无法证明它正确。而且,哥德尔和科恩证明**连续统假设**(康托尔关于在 $\aleph_0$ 和 C 之间没有超限基数的猜想)同样也无法根据 ZF 公理(有或没有选择公理)证明或者证否。于是,希尔伯特在 1900 年的演讲中向数学界提出的那个著名问题得到了最终解决,但是这里使用的方法是他和他的同代人所不曾预测到的。

这样一来,无穷大的概念在数学的历史上第二次改变了数学的进程。认识到第五公设独立于欧几里得其他公理,意味着它可以被一个可替换的、非等价的公理所替代。这就导致了非欧几何学的建立,而且实际上不只产生了一类几何学,而是产生了**若干类**这种几何学,这取决于选择哪个替代公理。同样选择公理从逻辑上讲独立于其他 ZF 公理这一发现,也产生了几种**非康托尔**集合论。这两种发展之间的相似性甚至更引人注目,哥德尔和科恩在他们的证明中使用了集合的"模型",在模型中用各种替代公理来取代选择公理;正像 19 世纪的数学家使用几何模型的方式一样——其中的第五公设被替代公理所取代(这使我们想起了球面,在球面上没有平行线)。这些模型实际上相当于对已知结构的新**解释**,在这些新解释中新的公理系统成立(例如,欧几里得球面被解释为非欧平面)。

就其本质而言,非康托尔集合论中使用的模型比非欧几何的模型抽象得多,而且没有"想象"它们的简单方法。无论如何,它们的影响再次证明了数学的相对性。自泰勒斯和毕达哥拉斯时代以来,数学一直被誉为绝对和永恒真理的科学。它的格言被尊崇为权威的典型,而它的结果被认为绝对可信。"在数学领域,一个答案不是对便是错"是一个年代久远的名言,而且它反映了外行和专业人员对这个学科的极度尊敬。19世纪终止了这种神话。正如高斯、罗巴切夫斯基和鲍耶所证明的那样,存在不同种类的几何学,从逻辑学角度讲,每种几何学都同样是真的。我们接受这些几何学中的哪一种,只是一个选择问题,而且仅仅与我们同意的前提(公理)有关。在20世纪,哥德尔和科恩证明了集合论也同样如此。但是,它的含义远远超出了集合论领域。由于大多数数学家同意集合论是整个数学结构都必须建立于其上的基础,新的发现使人们认识到不仅仅有一种数学,而是有几种数学,这可能证明了几个世纪以来使用复数"s"是正确的①。

这些本质上如此抽象的发展,能在现实世界中找到任何"实际"应用吗? 当然谁也说不清楚。但是,如果过去的事件可以作为借鉴,那么其答案应该说"是的"。数学史上充满着乍一看来完全抽象的发现,然而这些发现后来都被证明对其他学科有着极其重要的价值。我们已经看到,非欧几何学在刚开始时作为一个纯粹的理论创新而得到认可,但后来在广义相对论中找到了自己的应用领域。更引人注目的例子是群论,它是代数学的一个分支,而且仅在一个世纪之前还被认为是全部数学创新中最抽象的一个,但是今天它已成了物理学几乎每个分支中不可缺少的工具。这些例子表明,数学的历程像任何学科一样是不可预测的,而且人们从不应该忽略某个冷僻的分支突然来到最前沿的可能性,正如物理学家玻尔(Niels Bohr)曾经说的那样:"预测是非常困难的事情,尤其是预测未来!"

---

① 有趣的是,正好在哥德尔出版他的选择公理专著10年后,物理学界也得到了类似的发现。海森伯发表了他那著名的测不准原理,根据这个原理,人们不能同时确定物质粒子的位置和动量(即速度),而且事件的这种状态是真实的,与人们使用的测量装置无关。(它是波粒二象性的结果,这种结果能够把一个物质客体描述成一个粒子或波。)海森伯的原理推翻了诸如位置、速度和加速度等物理量可以以无限精度确定的观念——至少在原理上是这样的,这标志着物理学中决定论的终结,正像哥德尔的定理终止了数学中的决定论一样。——原注

参考文献

下列参考文献当然不是全部,尤其是在宇宙学领域。近年来出版了有关宇宙过去和未来的大量书籍,因此要想列出所有的书籍几乎是不可能的。

第一篇

[1] Petr Beckmann,*A History of PI*,The Golem Press,Colorado,1977。一部引人入胜的历史,不仅涉及 π,而且涉及作为我们文化一部分的数学。

[2] Bernard Bolzano,*Paradoxes of the Infinite*,Routledge & Kegan Paul,London,1950(最先出版于 1851 年,由 Fr. Prihonsky 博士在作者逝世之后根据其手稿编辑而成)。一部尽管不太厚,但却具有相当重要历史意义的书,因为这部书预见康托尔的一些观点,但却比康托尔早约 30 年。

[3] Carl B. Boyer,*A History of Mathematics*,John Wiley,New York,1968。一本具有极高可读性的数学史,从古代的巴比伦人和埃及人一直讲到 20 世纪。

[4] Carl B. Boyer,*The History of Calculus and Its Conceptual Development*,Dover Publications,New York,1959。这部著作对连续性和极限等观念的发展进行了广泛深入的讨论。

[5] Stephen I. Brown, *Some Prime Comparisons*, The National Council of Teachers of Mathematics, Reston, Virginia, 1978。该书讨论了素数的确定和分布问题。中学到大学水平。

[6] Bryan H. Bunch *Mathematical Fallacies and Paradoxes*, Van Nostrand, New York, 1982。第 2 章和第 8 章研究了无穷大的各种悖论,中学到大学水平。

[7] David M. Burton, *The History of Mathematics: An Introduction*, Allyn and Bacon, Boston, 1985。这本大学教科书类似于 Boyer 和 Eves 的书;第 12 章研究了康托尔和现代集合论。

[8] Ronald Calinger, *Classics of Mathematics*, Moore Publishing Company, Oak Park, Illinois, 1982。一百多位有影响的数学家的短篇传记,还包括这些数学家的著作节选。

[9] Georg Cantor, *Contributions to the Founding of the Theory of Transfinite Numbers*, Dover Publications, New York, 1955(最先发表于 1895 年; 1915 年首次译成英语),由 Philip E. B. Jourdain 翻译,并且从历史角度写了一篇引言。用他自己的话说,这本书包括了康托尔关于无穷大的革命思想。然而,除了引言之外,这本书的论述专业性很强。

[10] Richard Courant and Herbert Robbins, *What Is Mathematics*?, Oxford University Press, London, 1969。一本关于高等数学的基础性导论。从算术、代数、几何到微积分的详尽讨论,很多问题都与无穷大有关。

[11] Tobias Dantzig, *Number: The Language of Science*, The Free Press, New York, 1954,一部关于数和无穷大的文化史。

[12] Joseph Warren Dauben, *Georg Cantor: His Mathematics and Philosophy of the Infinite*, Harvard University Press, Cambridge, Massachusetts, 1979。一部关于现代集合论创始人的权威传记。

[13] Philip J. Davis, *The Lore of Large Numbers*, The Mathematical Association of America, Washington, D. C., 1961。关于大数的算术论著,大学水平。

[14] Philip J. Davis and Reuben Hersh, *The Mathematical Experience*, Houghton Mifflin, Boston, 1982。一部涉及数学各个方面的评述性著

作,包括非欧几何学、素数、无穷大,等等。

[15] Clayton W. Dodge, *Numbers & Mathematics*, Prindle, Weber & Schmidt, Boston, 1975。一部关于数的专业论著,具有某些历史背景材料。第13章"无穷大及其之外"讨论了现代集合论,大学水平。

[16] Howard Eves, *An Introduction to the History of Mathematics*, Holt, Rinehart and Winston, New York, 1976。一本具有很高可读性的数学史教材,包括数百道发人深思的练习题及其答案。

[17] Howard Eves and Carroll V. Newsom, *An Introduction to the Foundations and Fundamental Concepts of Mathematics*, Holt, Rinehart and Winston, New York, 1965。讨论了数学基础问题,大学水平;有些章节研究了欧几里得的《几何原本》、非欧几何学、集合与逻辑。

[18] George Gamow, *One, Two, Three. . . Infinity*, Viking, New York, 1948。一部关于数和无穷大问题的通俗读物。

[19] Donald W. Hight, *A Concept of Limits*, Dover Publications, New York, 1977。讨论了极限问题,大学水平。

[20] L. B. J. Jolley, *Summation of Series*, Dover Publications, New York, 1961(最先出版于 1925 年)。收入了数百个有限级数和无穷级数,并且依其类型划分。对于任何一个对数感兴趣的人来说,浏览此书是一种极好的享受。

[21] E. Kamke, *Theory of Sets*, translated from the German by Frederick Bagemihl, Dover Publications, New York, 1950。讨论的是现代集合论问题,大学水平;第 1–51 页讨论了无穷大的算术。

[22] Edward Kasner and James Newman, *Mathematics and the Imagination*, Simon and Schuster, New York, 1958。这部通俗而经典的数学论著有几章讲解的是无穷大及其相关话题,几乎不需要有关数学的任何背景知识便可欣赏这部书。

[23] Morris Kline, *Mathematical Thought from Ancient to Modern Times*, Oxford University Press, New York, 1972。这部详尽的著作第 20 章介绍的是无穷级数的历史。

[24] Morris Kline, *Mathematics: The Loss of Certainty*, Oxford University Press, New York, 1980。这部书从历史的角度讨论了微积分、非欧几何学和现代集合论的发现对数学发展的影响。

[25] Edna E. Kramer, *The Nature and Growth of Modern Mathematics*（两卷本）, Fawcett Publications, Greenwich, Connecticut, 1974。一本具有极高可读性的关于现代数学史的著作。读者不需具备数学预备知识。

[26] Lillian R. Lieber, *Infinity*, Holt, Rinehart and Winston, New York, 1961。一部引人入胜的数学无穷大著作。用诗的格式写成，而且用很多幽默的示意图对所述内容进行解释。还讨论了微积分的基本观念。高中至大学水平。

[27] Edward A. Maziarz and Thomas Greenwood, *Greek Mathematical Philosophy*, Frederick Ungar Publishing Company, New York, 1968。讨论了希腊人对数、连续性和无穷大的理解，还涉及由这些概念引起的争论。

[28] J. R. Newman, *The World of Mathematics*（四卷本）, Simon and Schuster, New York, 1956。一部数学论著选集，第 3 卷包括伯特兰·罗素和汉斯·哈恩关于无穷大的论文。

[29] Constance Reid, *A Long Way From Euclid*, Thomas Y. Crowell, New York, 1963。一部关于数、几何学和无穷大的书。读者对象为非数学专业人员或中学生。

[30] Rudy Rucker, *Infinity and the Mind: The Science and Philosophy of the Infinite*, Birkhäuser, Boston, 1982。讨论了无穷大的各种数学和哲学问题，重点研究了逻辑学问题。

[31] George F. Simmons, *Calculus with Analytic Geometry*, McGraw-Hill, New York, 1985。这部微积分教材的独到之处，是它的一个附录广泛研究了各种无穷大过程，我们这部书中的很多公式取自这些无穷大过程。另一个附录则是在数学史上起到重要作用的人物的小传。大学本科水平。

[32] Ernst Sondheimer and Alan Rogerson, *Numbers and Infinity: A Historical*

Account of Mathematical Concepts, Cambridge University Press, Cambridge, England, 1981。这部大学水平普及读物的书名表明了它的全部内容——这是一本从历史角度讲述数、集合、无穷大及相关问题的书。

[33] D. J. Struik, *A Source Book in Mathematics*, 1200—1800, Harvard University Press, Cambridge, MA, 1969。这部原始资料文集介绍了很多数学学科奠基人的原始著作。

[34] David Wells, *The Penguin Dictionary of Curious and Interesting Numbers*, Penguin Books, Hanmondsworth, England, 1986。浏览这部普及性读物是一件很有趣的事，因为它包括数百个数学事实、猜想和珍品，其编排按照涉及的数的重要性。

[35] Otto Toeplitz, *The Calculus: A Genetic Approach*, The University of Chicago Press, Chicago, 1963。这本小书是从历史角度写成的微积分教程，其第一章题目是"无穷大过程的特性"，读起来尤其发人深省。

[36] Leo Zippin, *Uses of Infinity*, The Mathematical Association of America, Washington, D. C., 1962。讨论了数和无穷大，大学水平。

第二篇

[1] *The Thirteen Books of Euclid's Elements*（三卷本），translated from the text of Heiberg with introduction and commentary by Sir Thomas Heath, Dover Publications, New York, 1956。对希腊几何学进行了经典性、权威性叙述。据认为，这套《几何原本》是仅次于《圣经》的第二个被最广泛翻译的著作。

[2] Lewis Carroll (Charles L. Dodgson), *Euclid and his Modern Rivals*, Dover Publications, New York, 1973（最早出版于 1879 年）。这部以剧本形式写成的著作以幽默的方式讲述了非欧几何学在 19 世纪引起的争论，该书封底在描述这本书时问道："除了刘易斯·卡罗尔之外谁还能写成这种奇特的书？"答案恐怕是："谁也不能。"

[3] Theodore Andrea Cook, *The Curves of Life*, Dover Publications, New

York,1979(最早发表于 1914 年）。详细讲述了艺术中和自然界中的对数螺线,配有数百幅照片和插图。

[4] H. S. M. Coxeter, *Introduction to Geometry*, John Wiley, New York, 1969。大学水平的几何学论文,从变换和对称群的角度写成。

[5] Howard Eves. *A Survey of Geometry*, Allyn and Bacon, Boston, 1972。一部大学水平的教材,深入讨论了欧几里得几何学、非欧几里得几何学以及射影几何学和变换等问题。

[6] Matila Ghyka, *The Geometry of Art and Life*, Dover Publications, New York, 1977。讨论了各种基本的几何学问题以及它们对美术作品的影响。这些几何学问题包括空间和时间的比例、黄金分割以及平面和空间的规则划分。正文附有很多照片和插图。

[7] Patrick Highes and George Brecht, *Vicious Circles and Infinity-A Panoply of Paradoxes*, Doubleday, New York, 1975(最早发表于 1939 年）。收集了一些有趣的悖论,有些与无穷大有关,但都没有进行深入讨论。

[8] David Hilbert and S. Cohn-Vossen, *Geometry and the Imagination*, translated from the German by P. Nemenyi, Chelsea Publishing Company, New York, 1952(最早发表于 1932 年）。一部几何学基础读本（然而远非简易）,深入讨论了平面和空间的镶嵌问题、射影几何学、非欧几何学、拓扑学,等等。

[9] H. E. Huntley, *The Divine Proportion: A Study in Mathematical Beauty*, Dover Publications, New York, 1970。探讨了各种数学问题（黄金分割、对数螺线、帕斯卡三角形和斐波纳契数列）及其美学意义,有很多插图。

[10] Konrad Knopp, *Elements of the Theory of Functions*, translated from the German by Frederick Bagemihl, Dover Publications, New York, 1952。数学的经典之作,讨论了复数、圆的反演以及复变函数理论。第 3章讨论了立体投影问题。

[11] Benoit B. Mandelbrot, *The Fractal Geometry of Nature*, W. H. Freeman,

San Francisco,1982。一部配有大量插图的关于新的分形(分数维)几何学的论文,重点研究了一些所谓的"病态曲线"。

[12] Albert E. Meder, *Topics from Inversive Geometry*, Houghton Mifflin, Boston,1967。运用初等解析几何讨论了圆的反演问题,大学入门水平。

[13] Bruno Munari, *Discovery of the Circle*, George Wittenborn, New York, 1970。确实是一本美术著作,用数百幅插图和照片说明了美术和几何学中以各种方式存在的圆,还有一本姊妹书——《正方形的发现》。

[14] Phares G. O'Daffer and Stanley R. Clemens, *Geometry: An Investigative Approach*, Addison-Wesley, Menlo Park, California, 1977。一部基础性教材,有很多关于平面与空间镶嵌、变换和对称等问题的材料。

[15] Dan Pedoe, *Geometry and the Liberal Arts*, St. Martin's Press, New York, 1976。讨论了几何学中各种问题对视觉艺术的影响,例如黄金分割、透视和比例等问题。

[16] Garth E. Runion, *The Golden Section and Related Curiosa*, Scott, Foresman and Company, Glenview, Illinois, 1972。从数学角度讨论了黄金分割、对数螺线和斐波纳契数列等问题,高中到大学水平。

[17] Robert C. Yates, *Curves and Their Properties*, The National Council of Teachers of Mathematics, Reston, Virginia, 1952。一部关于普通曲线和不那么普通的曲线的百科全书,附有这些曲线的图形和特性。曲线中有很多与无穷大有关。

第三篇

[1] F. H. Bool, J. R. Kist, J. L. Locher, and F. Wierda, *M. C. Escher: His Life and Complete Graphic Work*, Harry N. Abrams, New York, 1981。一部关于埃舍尔生平和作品的、内容广泛的传记,包括了他关于镶嵌著作的全部内容,还有对埃舍尔所有原作的精美复制品。

[2] F. J. Budden, *The Fascination of Groups*, Cambridge University Press, London,1972。尽管严格地讲这是一本数学专著,但是因其主题与

第三篇相关,所以我们把该书放在这里。这是一本关于代数群、它们的性质及其在分析几何图案对称性中所起作用的基础读物,但是内容很详尽,数百个实例和练习揭示了群的各个方面。

［3］ Edwards B. Edwards, *Pattern and Design with Dynamic Symmetry*, Dover Publications, New York, 1967(最早发表于 1932 年)。这部小书包括很多个以对数螺线为基础的图案,而且讨论了动态对称及其在艺术中的应用。

［4］ Bruno Ernst, *The Magic Mirror of M. C. Escher*, Random House, New York, 1976。本书作者是埃舍尔的一个密友。作为一个数学家,他从数学方面对埃舍尔的作品进行了极好的介绍。

［5］ *M. C. Escher: Art and Science*(proceedings of the International Congress on M. C. Escher, Rome, Italy, March 26~28, 1985), edited by H. S. M. Coxeter, M. Emmer, R. Penrose, and M. L. Teuber, North~Holland, Amsterdam, 1987(第 2 版)。这部专著讨论了埃舍尔艺术作品的所有方面,重点讨论了作品隐含的数学原理。包括镶嵌在埃舍尔之后的一些发展,还有由计算机根据他的艺术生成的图形。本书插图精美,包括一些彩色整版插图。所有埃舍尔崇拜者的必读之书。

［6］ E. H. Gombrich, *The Sense of Order: A Study in the Psychology of the Decorative Arts*, Cornell University Press, Ithaca, New York, 1979。这部著作实际上包括装饰艺术的每个方面,有数百幅插图和照片。

［7］ Branko Gruenbaum and G. C. Shepard, *Tilings and Patterns*, W. H. Freeman, New York, 1986。关于镶嵌的权威论著,还有一些关于非周期性镶嵌的最新发现结果。

［8］ Owen Jones, *The Grammar of Ornament*, Dover Publications, New York, 1987(最早出版于 1856 年)。实际上是一本装饰图集,这部经典著作包括 100 幅整版插图,给出了从古埃及到巴洛克时代的几百幅装饰图案。

［9］ J. L. Locher, *The World of M. C. Escher*, Harry N. Abrams, New York, 1971。包括了埃舍尔的大部分图形作品(有一些是彩色的),还有几

篇关于他作品的文章(包括他自己的文章"走向无穷大")。

[10] Caroline H. MacGillavry, *Fantasy & Symmetry: The Periodic Drawings of M. C. Escher*, Harry N. Abrams, New York, 1976。埃舍尔作品的图形游览,根据这些作品的对称元素进行编排和分析。

[11] Marjorie Hope Nicolson, *Mountain Gloom and Mountain Glory: The Development of the Aesthetics of the Infinite*, W. W. Norton, New York, 1959。讨论了 17 世纪在物理学和天文学中的伟大发现如何改变了人类对自然界、空间和时间的认识,包括很多关于无穷大的诗歌和文学评论。

[12] Robert Sietsema, *Designs of the Ancient World*, Hart Publishing Company, New York, 1978。搜集了来自各种古代文明的图形花样和图案。

[13] Peter S. Stevens, *Handbook of Regular Pattern: An Introduction to Symmetry in Two Dimensions*, The MIT Press, Cambridge, Massachusetts, 1981。关于规则图案的百科全书,附有丰富的插图,根据其所属的对称群进行了分类。

[14] Hermann Weyl, *Symmetry*, Princeton University Press, Princeton, New Jersey, 1952。关于对称的数学和美学特征的经典文献,对对称群进行了半专业性讨论。附有丰富的插图。

第四篇

[1] Emile Borel, *Space & Time*, Dover Publications, New York, 1960。尽管有些过时,但却以通俗语言说明了空间、时间和狭义与广义相对论。尤其有趣的是讨论了数学空间和物理空间之间的关系。

[2] Paul Davies, *The Edge of Infinity*, Simon and Schuster, New York, 1981。通俗地说明了宇宙学的近期发展——涉及黑洞、奇点和大爆炸理论。

[3] Sir Arthur Eddington, *The Expanding Universe*, The University of Michigan Press, Ann Arbor, Michigan, 1958(最早发表于 1932 年)。这部小书由 20 世纪早期一个伟大的天文学家写成,它以半专业性语言讲

述了星系的退行。当然,讨论的很多内容已过时很长时间,但是仍然为读者提供了诱人的阅读材料。

[4] Timothy Ferris, *To the Red Limit: The Search for the Edge of the Universe*, Bantam Books, New York, 1979。关于黑洞、类星体和膨胀宇宙的普及读物,对这些发现背后的科学家进行了有趣的描述。

[5] Timothy Ferris, *Galaxies*, Sierra Club, New York, 1982。关于宇宙的有趣影集,重点研究了星系和星系团。

[6] Alexander Koyře, *From the Closed World to the Infinite Universe*, Johns Hopkins University Press, Baltimore, 1974。从历史角度讨论了哥白尼之后无穷宇宙概念的出现。

[7] Philip Morrison, Phylis Morrison and the Office of Charles and Ray Eames, *Powers of Ten*, Scientific American Library, San Francisco, 1982。以照片方式带读者周游了宇宙,根据宇宙物体的大小安排内容顺序,从亚原子核粒子到整个宇宙。

[8] Milton K. Munitz, *Theories of the Universe from Babylonian Myth to Modern Science*, The Free Press, Glencoe, Illinois, 1957。关于从古代到现代的宇宙结构的著作选集。

[9] Dorothea Waley Singer, *Giordano Bruno: His Life and Thought*, with an annotated translation of his work, "On the Infinite Universe and Worlds," Henry Schuman, New York, 1950。关于那个因相信宇宙无穷大而献出自己生命的伟人的传记。

[10] Steven Weinberg, *The First Three Minutes: A Modern View of the Origin of the Universe*, Basic Books, New York, 1976。讲述大爆炸之后随即出现事件的通俗读物,具有很高的可读性,以生动的语言描述了对作为大爆炸残余的三度微波辐射的发现过程。

[11] Louise B. Young, *The Mystery of Matter*, Oxford University Press, New York, 1965。一本关于物质结构、原子理论和物质是不是无限可分割等问题的专著。